Veröffentlichungen des Königlich Preußischen Meteorologischen Instituts

Herausgegeben durch dessen Direktor

G. Hellmann

——— Nr. 237 ———

Abhandlungen Bd. IV. Nr. 3.

Der Einfluß geringer Geländeverschiedenheiten auf die meteorologischen Elemente im norddeutschen Flachlande

Von

K. Knoch

Springer-Verlag Berlin Heidelberg GmbH 1911

Preis 4 ℳ

ISBN 978-3-662-24329-9   ISBN 978-3-662-26446-1 (eBook)
DOI 10.1007/978-3-662-26446-1

Inhaltsverzeichnis

	Seite
Einleitung	5
Die Lage der Stationen und das Beobachtungsmaterial	6
Untersuchung der Homogenität der Reihe Heinersdorf-Kleinbeeren	8
Die Temperaturbeobachtungen	10
Die jährliche Amplitude	10
Der Gang der Abweichungen nach Termin- und Monatsmitteln	11
Der jährliche Verlauf der Differenzen Turm minus Nuthe und Wiese minus Nuthe nach den Dekadenmitteln	19
Die Temperaturextreme	21
Die aperiodischen Schwankungen	24
Die besonders tiefen nächtlichen Minima auf der Nuthestation	27
Anzahl der Eis-, Frost- und Sommertage	28
Bestimmte Witterungsperioden	30
Spät- und Frühfröste auf der Nuthestation	34
Die nächtlichen Temperaturstörungen im Nuthe-Tal	36
Die Niederschlagsbeobachtungen	43
Schlußbetrachtungen	46
Tabellen: Dekadenmittel der Temperaturen auf der Nuthestation und Differenzen gegen Wiese und Turm. 1894—1903.	
Klimatabellen für die Stationen: Observatorium-Wiese, Nuthe, Heinersdorf-Kleinbeeren und Spandau-Ruhleben. 1894—1808.	

Inhaltsverzeichnis

Einleitung.

Die Errichtung des Meteorologisch-Magnetischen Observatoriums bei Potsdam in einer ausgesprochen hügeligen Gegend, nicht weit entfernt von ausgedehnten Wasserflächen, ließ die Frage auftauchen, wie weit in den Aufzeichnungen des Observatoriums sich auch die mittleren Verhältnisse der norddeutschen Tiefebene wiederspiegeln. Aus diesem Grunde wurde bald nach Beginn der regelmäßigen Beobachtungen am Observatorium eine in etwa 1.4 km Entfernung ganz anders gelegene Nebenstation im Tal der Nuthe errichtet.

Wenn nun auch die an dieser Station gewonnenen 15 jährigen (1894—1908) Beobachtungen in Gemeinschaft mit jenen der Hauptstation des Observatoriums den eigentlichen Kern der vorliegenden Untersuchung bilden, so war es mir doch bei der Übernahme der Bearbeitung von vornherein klar, daß ein Vergleich dieser beiden Stationen allein nicht genügen würde. Die hierbei gewonnenen Resultate hätten leicht zu einer irrigen Auffassung führen können und mußten durch Heranziehung weiterer Stationen erst noch ergänzt werden. Auf die Weise wurden schließlich noch die Turmstation des Observatoriums, die Station Spandau und die Beobachtungsserie Heinersdorf-Kleinbeeren mit in die Betrachtung einbezogen. Der weitere Verlauf der Darstellung wird zeigen, wie sich die Stationen ihrer topographischen Lage nach, die sich in dem Gang der Elemente in erster Linie ausspricht, untereinander einordnen.

Daneben wird die Untersuchung aber auch Bestimmungen über die Größe der Beeinflussung meteorologischer Elemente durch lokale Eigentümlichkeiten der Stationen liefern, was bei der leider noch immer vorkommenden Überschätzung der Genauigkeit und allgemeinen Gültigkeit klimatologischer Angaben von Wert sein dürfte.

Es konnte nicht meine Absicht sein, etwa eine Klimabeschreibung des vorliegenden kleinen Gebietes zu geben, sondern es wurde darauf Gewicht gelegt, die zwischen den einzelnen Stationen bestehenden Unterschiede zu schildern und möglichst zu erklären. Eine Darstellung der klimatischen Verhältnisse des Telegraphenberges, nach den bis zur neuesten Zeit am Observatorium durchgeführten Beobachtungen dürfte übrigens in Kürze von anderer Seite erfolgen.

Es erübrigt sich eigentlich noch besonders zu betonen, daß in allen zahlenmäßigen Angaben, die im Verlaufe der Untersuchung gegeben werden, der Fehler der Hüttenaufstellung steckt, und daß der Vergleich wertvoller wäre, wenn er sich auf Aspirationspsychrometerablesungen an den verschiedenen Stationen stützen könnte. Da es aber an derartigen Idealbeobachtungen fehlt, mußte die Untersuchung darauf verzichten, absolut richtige Differenzen liefern zu wollen, und sich mit der Feststellung begnügen, daß bei der nun einmal vorhandenen Ungleichheit der Stationen bestimmte Differenzen existieren können.

Eine richtige physikalische Erklärung der beobachteten Tatsachen zu geben, wird zuweilen recht schwer sein, wenn mehrere Momente gleichzeitig wirken. Den Betrag der einzelnen Wirkungen dann quantitativ bestimmen zu wollen, würde nur zu müßigen Spekulationen führen.

Wenn in den folgenden Ausführungen die Unterschiede zwischen den Stationen bis auf 2 Dezimalen berechnet sind, so ist sich der Verfasser trotzdem dessen vollkommen bewußt, daß der zweiten Dezimalstelle praktische Bedeutung nicht mehr zuzusprechen, sondern daß sie nur als Rechengröße anzusehen ist.

Der Vollständigkeit wegen muß hier erwähnt werden, daß ein Teil der Beobachtungen auf der Nuthestation, soweit sie in den Jahrbüchern des Observatoriums veröffentlicht vorlagen, in mehreren Aufsätzen eine Bearbeitung durch O. Meissner erfahren hat. In der ersten Arbeit betitelt: Die Temperaturverhältnisse auf dem Telegraphenberge bei Potsdam und im Haveltale (1894—1900)[1]) will der Verfasser vor allem nachweisen, daß selbst ein so geringer Höhenunterschied wie in vorliegendem Fall genügt, um die Erscheinungen von Berg- und Talklima klar hervortreten zu lassen. In der gleich darauf erschienenen zweiten Arbeit wird die „Dauer der Kälte und Wärmeperioden in Potsdam in den Jahren 1894—1900"[2]) untersucht, und zwar nur auf Grund des Nuthematerials. Schließlich sind die Jahrgänge 1901—03 in dem neulich erschienenen Aufsatze verarbeitet: „Die Temperaturverhältnisse Potsdams wärend des Septennats 1901—1907 und in Vergleichung mit dem vorhergehenden (1894—1900)"[3]).

Einige Ergebnisse der Nuthestation werden ferner bereits von Schwalbe[4]) in seiner Darstellung des Klimas der Provinz Brandenburg gegeben.

Die Lage der Stationen und das Beobachtungsmaterial.

DIE STATIONEN AM OBSERVATORIUM. Eine eingehende Beschreibung mit Situationsplan der beiden Stationen »Turm« und »Wiese« des Observatoriums befindet sich in dem ersten Jahrgang der »Ergebnisse der Meteorologischen Beobachtungen in Potsdam im Jahre 1893«. Wesentlich für die vorliegende Untersuchung ist, daß die ganze Observatoriums-Anlage auf einem stark bewaldeten Hügelzuge liegt, der sich rund 50 m über das Tal der Havel erhebt. Die Instrumente der Wiesenstation sind auf einem freien Platze, der südlich vom Hauptgebäude durch Fällen der Bäume gewonnen wurde, sonst aber ringsum von Wald eingeschlossen wird, aufgestellt. Die Turmstation ist auf dem Hauptturm des Observatoriums in einer Höhe von 32 m vollständig frei über der Erdoberfläche untergebracht.

Die Beobachtungen der »Wiese« sind fortlaufend in den »Ergebnissen der meteorologischen Beobachtungen in Potsdam« veröffentlicht. Aus Gründen der strengen Gleichzeitigkeit wurden nicht die z. T. bis zu 10 Minuten vor der vollen Stunde gemachten Augenablesungen, sondern die den

---

[1]) Das Wetter XXIV, 88—92. 1907.
[2]) Das Wetter XXIV, 97—100. 1907.
[3]) Das Wetter XXVII, 175—179, 193—195. 1910.
[4]) G. Schwalbe, Das Klima der Provinz Brandenburg. Landeskunde der Provinz Brandenburg, herausgegeben von Ernst Friedel und Robert Mielke. I. Berlin 1910.

Registrierungen entnommenen Werte verarbeitet. Von den Aufzeichnungen der Turmstation sind die 12 Jahre 1893—1904 veröffentlicht. Da weitere Auswertungen auch nicht mehr im Manuskript vorliegen, mußte ich mich auf diese gekürzte Reihe beschränken.

STATION NUTHE. Diese Nebenstation liegt 1.4 km vom Observatorium aus nach Osten zu in dem von N nach S sich erstreckenden sehr flachen Tal der Nuthe. Seine Breite beträgt in der Nähe der Station mehr als 3 km. Die Talränder erheben sich nur wenig, im Maximum kaum 60 m, über die Talsohle. Die Entfernung der Station vom westlichen Talrand beträgt etwa 600 m. Die Instrumente sind in 2 m Höhe über dem Erdboden in einer englischen Hütte großen Maßstabes untergebracht, die am Rande eines Obstgartens nach Süden zu vollständig frei aufgestellt ist. Diese Aufstellung muß unbedingt als Freilandstation angesehen werden. Häuser finden sich in der Nähe der Station nicht in geschlossenen Massen vor und sind auch derartig weit entfernt, daß sie ihre Angaben nicht merkbar beeinflussen können. Die Beobachtungen der Nuthestation dürfen aber niemals als für die Stadt Potsdam selbst geltend angesehen werden, wenn sich auch diese zum größten Teil in gleicher Tallage aufbaut. Potsdam hat sicher eine ausgesprochene »Stadttemperatur« und wird jedenfalls nicht jene tiefen nächtlichen Minima zeigen, wie wir sie noch von der Nuthe kennen lernen werden[1]).

Die Beobachtungen erstrecken sich auf Temperatur und Niederschlag. An Instrumenten sind vorhanden: ein trockenes $1/5^0$-Thermometer, 2 Extremthermometer, ein Fueßscher Thermograph, ein gewöhnlicher Stationsregenmesser (System Hellmann) und seit April 1903 ein registrierender Regenmesser Hellmann-Fueß. Die Ablesungen wurden während des ganzen Zeitraumes von einem und demselben Beobachter gewissenhaft ausgeführt. Da zudem die Station unter fortwährender Kontrolle des Observatoriums stand, von dem aus sie regelmäßig in kurzen Zwischenräumen besucht wurde, verdienen die Beobachtungen unbedingtes Vertrauen. Veröffentlicht sind von ihnen die zehn Jahre 1894—1903 in den Jahrbüchern des meteorologischen Observatoriums. Mitgeteilt sind hier die 3 Terminbeobachtungen in extenso und die Dekadenmittel der Temperatur sowie ihre Differenzen gegen »Wiese« und »Turm«. Auf Grund der Tagebücher wurden diese Tabellen zunächst fortgeführt und auf Beobachtungsfehler hin durchgesehen, die mit Hilfe der Registrierungen leicht ausgemerzt werden konnten.

Von der Auswertung der Registrierungen wurde abgesehen, da das Ergebnis, was sich nur mit bereits bekanntem hätte decken können, sicher nicht im Verhältnis zu der aufgewandten Mühe und Arbeit gestanden hätte. Um so lohnender schien es aber, die Auffälligkeiten im Gang der Thermographenkurve zu studieren, worüber in einem späteren Kapitel eingehend berichtet wird.

SPANDAU-RUHLEBEN. Die Beobachtungen werden hier unter der Verwaltung der Kgl. Gewehrprüfungskommission auf dem am Nordrande des Grunewaldes südöstlich von Spandau gelegenen Gelände der Infanterie-Schießschule angestellt.

Die Wildsche Thermometerhütte ist an der Nordwand eines kleinen 2 stöckigen Fachwerkhauses aufgestellt. Die Entfernung von der Hauswand beträgt rund 3 m. Nach N, E und SE bildet ein mit Gras bestandener freier Platz die Umgebung der Station, nach SW dehnt sich ein Kieferngehölz

---

[1]) Um die Größe des Stadteinflusses zu charakterisieren, gebe ich hier den von V. Kremser (Beschreibung der Garnison Potsdam, 3. Klima, Berlin 1901) durchgeführten Vergleich zwischen den älteren Beobachtungen am Astrophysikalischen Observatorium, das in der Nähe des Meteorologisch-Magnetischen Observatoriums auf dem höchsten Punkte des Telegraphenbergs errichtet ist, und den in Potsdam selbst (Waldemarstraße und Neue Königstraße) angestellten Beobachtungen. Aus dreijährigen Ablesungen 1886—1888 ergaben sich folgende Differenzen:

Stadt-Observatorium.

Jan.	Febr.	März	April	Mai	Juni	Juli	Aug.	Sept.	Okt.	Nov.	Dez.	Jahr
0.4^0	0.7^0	0.6^0	0.9^0	1.0^0	1.2^0	0.8^0	0.6^0	0.2^0	0.4^0	0.6^0	0.5^0	0.6^0

Wenn auch ein kleiner Teil dieser Unterschiede durch die verschiedene Aufstellung der Instrumente bedingt ist, so ist der größere Teil doch eine Folge des Höhenunterschiedes und des Stadteinflusses.

Nach Reduktion auf Stadtniveau, also Ausschaltung des Höhenunterschiedes, verblieben als Stadteinfluß für die einzelnen Jahreszeiten noch folgende Beträge:

Winter	Frühling	Sommer	Herbst	Jahr
0.3^0	0.4^0	0.6^0	0.1^0	0.3^0

Hierbei ist allerdings zu berücksichtigen, daß eine derartige Reduktion, wie aus den späteren Ausführungen noch hervorgehen wird, immer nur ein Notbehelf sein kann.

aus. Die etwa 1½ km entfernte Stadt Spandau und die im N etwa 200—300 m entfernt liegenden Kasernengebäude dürften keinen Einfluß mehr ausüben. Das Tal der Havel ist an dieser Stelle durch die Einmündung des Spreetales stark erweitert. Von dem in der Nähe der Station meist von SW nach NE streichenden, mit Kiefernwald bestandenen Talrand, liegt diese etwa 700 m entfernt.

Die Ausrüstung der Station besteht in einem trockenen und einem feuchten Thermometer, einem Satz Extremthermometer, einem Hygrographen, einem Thermobarographen nach Sprungschem System (beschrieben in der Zeitschrift für Instrumentenkunde 1886, S. 189—198), einem Regenmesser Hellmann und einem Anemographen Beckley. Eine Abschrift der Beobachtungen stellt die Gewehrprüfungskommission regelmäßig dem Kgl. Meteorologischen Institut zur Verfügung. Leider werden die Ablesungen zu den Terminen 8a, 2p, 8p angestellt, so daß in vorliegender Arbeit nur die Extreme mit verwendet werden konnten. Es war leider auch nicht möglich die Termine 7a und 9p den Registrierungen zu entnehmen, da diese durch Störungen des Apparates einige Lücken zeigten, deren Ergänzung sich für vorliegenden Zweck, wo es sich um verläßliche Daten handeln muß, mit der nötigen Sicherheit nicht hätte durchführen lassen. Das Material wurde sämtlich den handschriftlichen Tabellen entnommen.

Die Kgl. Gewehrprüfungskommission stellte mir in liebenswürdiger Weise einige Registrierungen des Thermobarographen zur Verfügung, wofür ich auch an dieser Stelle verbindlichst danke.

HEINERSDORF-KLEINBEEREN. Diese Stationen, an denen zeitlich nacheinander Beobachtungen angestellt wurden, liegen in östlicher Richtung rund 18 km vom Observatorium entfernt auf dem von den Geologen so genannten Plateau des Teltow, das sich an dieser Stelle nur wenig über das Niveau der Talsohlen erhebt und wegen seiner gleichmäßigen Erstreckung als Repräsentant des norddeutschen Flachlandes angesehen werden darf. Die weitere Umgebung der Stationen ist meist frei. Größere Wald- und Wasserflächen sind nicht vorhanden.

Die Beobachtungsreihe ist aber leider nicht so einwandfrei, wie man es verlangen müßte. Stationswechsel und z. T. auch ungünstige Aufstellung der Instrumente haben die Ablesungen in nachteiliger Weise beeinflußt.

Über die Einrichtung der Station Heinersdorf, die bis zum Juni 1901 bestand, entnehme ich der Stationsbeschreibung in den »Ergebnissen der Beobachtungen an den Stationen II. und III. Ordnung im Jahre 1897, S. XIV« folgendes: »Im südlichen Teile des geräumigen, von Südost nach Nordwest sich erstreckenden rechteckigen Gutshofes, an dem sich westlich ein umfangreicher alter Park mit einem inmitten desselben gelegenen großen Teich anschließt, steht, nicht ganz so frei als es wünschenswert gewesen wäre, eine Thermometerhütte nach Wildschem System, welche in einem Zinkblechgehäuse ein Kontrollthermometer und einen Satz Extremthermometer in 2.3 m Höhe enthält«.

Als die Station hier nicht mehr aufrecht erhalten werden konnte, wurde sie zu dem bereits angegebenen Zeitpunkt nach dem etwa 3 km entfernten Kleinbeeren verlegt. Hier wurde sie ebenfalls wieder in einem Gutshof untergebracht, zunächst aber in ungünstiger Lage, trotzdem der geräumige Platz eine bessere Aufstellung zugelassen hätte. Auf Betreiben des Institutes gelang es diese dann auch im August 1906 zu erreichen, indem die Station 25 m nach Norden verlegt wurde. Zu gleicher Zeit wurde die inzwischen schadhaft gewordene alte Hütte durch eine neue englische Hütte (kleines Modell) ersetzt. Diese neue Aufstellung ist einwandfrei gewesen. Leider mußte die Station am 15. Juni 1908 hier wiederum abgebrochen und nach dem 1.8 km südwestlich liegenden Großbeeren verlegt werden. Das von dieser Station zur Vervollständigung der 15jährigen Reihe verwandte 2te Halbjahr 1908 wird einen merkbaren Einfluß auf die Mittelwerte nicht ausgeübt haben, so daß nur die beiden Reihen Heinersdorf-Kleinbeeren in Frage kommen.

Die im Juni 1901 vorgenommene Stationsverlegung machte eine besondere Untersuchung darüber notwendig, wie weit die Homogenität der Reihe dadurch gelitten hat. Den Gang der angestellten Überlegungen gebe ich nachstehend ausführlich wieder.

Untersuchung der Homogenität der Reihe Heinersdorf-Kleinbeeren.

Diese Untersuchung läßt sich mit ziemlicher Schärfe durchführen, da in der »Wiese« und »Nuthe« zwei benachbarte Vergleichsstationen vorhanden sind, die in dem zu untersuchenden Zeitraum keinerlei Veränderungen erfahren haben.

Die Prüfung durch die gewöhnlich angewandte Differenzenbildung gibt zwischen »Wiese« und Heinersdorf-Kleinbeeren die folgenden Abweichungen:

Differenzen der Jahresmittel Heinersdorf-Kleinbeeren minus Wiese.

1894 . . . 0.5°		1899 . . . 0.4°		1904 . . . 0.5°	
1895 . . . 0.4		1900 . . . 0.4		1905 . . . 0.5	
1896 . . . 0.3		1901 . . . 0.2		1906 . . . 0.7	
1897 . . . 0.1		1902 . . . 0.5		1907 . . . 0.6	
1898 . . . 0.5		1903 . . . 0.4		1908 . . . 0.3	

Diese Zahlen zeigen, daß eine stärkere Änderung nicht stattgefunden hat, höchstens geht aus ihnen hervor, daß seit 1902 die Differenz im Gegensatz zu den vorhergehenden Jahren ständig etwas größere Werte aufweist, Kleinbeeren also in bezug auf Heinersdorf die geringeren Temperaturen hätte. Wie dies zustande gekommen, lehren die weiteren Untersuchungen.

Wir betrachten zunächst die mittlere Wärmeschwankung, wie sie die Differenz Maximum-Minimum der beiden Reihen für sich getrennt ergibt. Diese Methode ist nicht ganz einwandfrei, da sie in vorliegendem Falle für Mittel verschiedener Zeiträume angewandt wird und durch ungleichartige Perioden der Witterung stark beeinflußt sein kann. Immerhin darf man aber wohl annehmen, daß sich eine starke Änderung der Station trotzdem bemerkbar machen würde. Außerdem haben wir in der Station »Wiese« das Mittel, um den Witterungseinfluß auf die mittlere Schwankung der beiden Reihen feststellen zu können.

Mittlere Wärmeschwankung.

	Heinersdorf 1894—1901	Kleinbeeren 1902—1908	Differenz	Wiese 1894—1901	Wiese 1902—1908	Differenz
Januar . . .	5.7°	5.4°	0.3°	4.8°	5.1°	— 0.3°
Februar . . .	7.2	5.6	1.6	6.1	5.4	0.7
März	8.6	8.5	0.1	7.7	7.9	— 0.2
April	10.4	9.6	0.8	9.5	9.5	0.0
Mai	11.7	11.7	0.0	11.3	11.1	0.2
Juni	12.8	11.8	1.0	11.8	11.8	0.0
Juli	11.8	11.7	0.1	9.8	10.4	— 0.6
August . . .	12.7	10.9	1.6	10.5	10.9	— 0.4
September . .	11.4	10.4	1.0	9.3	9.6	— 0.3
Oktober . . .	8.8	8.6	0.2	7.7	7.9	— 0.2
November . .	6.7	6.2	0.5	5.8	5.8	0.0
Dezember . .	5.3	4.8	0.5	4.6	4.5	0.1
Jahr	9.4	8.8	0.6	8.2	8.3	— 0.1

Die Differenz zwischen den beiden Reihen Heinersdorf und Kleinbeeren beträgt im Jahresmittel $+ 0.6°$. In den einzelnen Monaten unterliegt sie zwar starken Schwankungen, wird aber niemals negativ. Ganz anders verhalten sich die mittleren Wärmeschwankungen der beiden Reihen der Wiesenstation, in denen nur der Witterungseinfluß zum Ausdruck kommen kann. Hier erreichen die Differenzen nicht die hohen Werte, wie sie Heinersdorf minus Kleinbeeren zeigt, und schwanken ferner ziemlich unregelmäßig um 0° herum. Aus dem Umstand, daß die Differenzen der Amplituden der zu untersuchenden Reihe stets positiv sind, schließe ich, daß Kleinbeeren geringere Wärmeschwankungen erleidet als Heinersdorf.

Das gleiche Ergebnis liefert die Vergleichung der mittleren Termin- und Extremwerte der beiden Reihen mit den Mitteln gleicher Periode für »Wiese« und »Nuthe«. Unter Weglassung der Tabellen teile ich im folgenden den Sinn und die maximalen Werte der Abweichungen mit. (Heinersdorf-Kleinbeeren bezeichne ich als Heinersdorf I. und II. Reihe. W = Wiese, N = Nuthe, H = Heinersdorf.)

Mittlerer Wert 7^a: Sowohl bei H-W als auch bei H-N ist der Wert der Differenz für die II. Reihe in nahezu sämtlichen Monaten etwas größer, d. h. die II. Reihe von Heinersdorf weist zum Morgentermin höhere Werte auf. Das Maximum erreicht dieser Unterschied im August für H-W mit 0.4° und für H-N mit 0.6°.

Mittlerer Wert 2p: Außer in den Wintermonaten zeigt die II. Reihe von Heinersdorf geringere Werte als die erste, die größte Differenz tritt im Mai mit 0.6° auf.

Mittlerer Wert 9p: Bei H-W hat die II. Reihe in allen Monaten die größeren Werte. In den Sommermonaten ist dieser Betrag etwa 0.5°, in den Wintermonaten 0.3—0.4°. Bei H-N ist der Unterschied zwischen I. und II. Reihe geringer und hat im Januar bis März sogar entgegengesetzten Sinn. Im ganzen genommen zeigt sich doch aber auch hier, daß die zweite Reihe von Heinersdorf die größeren Werte hat.

Monatsmittel. Bei H-W und H-N ist die II. Reihe durchschnittlich um 0.2—0.3° höher.

Mittleres Maximum: Die Differenzen sind bei der II. Reihe sämtlich geringer, ein Zeichen, daß hier die Maxima von Kleinbeeren nicht so hohe Werte erreichen.

Mittleres Minimum: Die II. Reihe zeigt andauernd größere Werte. Die Minima von Kleinbeeren sind demnach weniger tief.

Diese Ausführungen dürften genügend erwiesen haben, daß die bei der Stationsbeschreibung erwähnte, nicht ganz freie Lage der Station Heinersdorf sich tatsächlich in geringem Betrage in verstärkten Extremen äußert, wogegen Kleinbeeren offenbar bessere Ventilation hatte.

Wenn auf diese Weise auch festgestellt wurde, daß, streng genommen, die Reihe Heinersdorf-Kleinbeeren nicht mehr als homogen zu betrachten ist, so glaubte ich trotzdem nicht auf diese Stationen verzichten zu sollen, da sie gerade die in der freien Ebene herrschenden meteorologischen Verhältnisse wiedergeben. Da ferner die beiden Reihen etwa gleich lang sind und ihre Inhomogenität derartig gering ist, daß sie sich nur durch genauere als die sonst üblichen Untersuchungsmethoden nachweisen ließ, so würde die Mittelung der beiden Reihen noch einen ganz brauchbaren Wert geliefert haben. Tatsächlich gilt er natürlich weder für Heinersdorf noch Kleinbeeren, sondern für eine Aufstellung der Instrumente, die die Eigenheiten der beiden Stationen in sich vereinigt. Leider ist aber im weiteren Verlaufe der Untersuchung festgestellt worden, daß der Fehler der Inhomogenität durch jenen überdeckt wird, der infolge der nicht vollständig einwandfreien Aufstellung der Instrumente in den Angaben enthalten ist und diesen nur eine sehr eng begrenzte Bedeutung zukommen läßt.

Bevor ich an die Besprechung der eigentlichen Beobachtungen gehe, lasse ich nochmals im Zusammenhang die genauen Höhen der einzelnen Stationen und ihre Entfernungen vom Observatorium folgen.

Höhe der Stationen über N. N. und ihre Entfernungen vom Observatorium.

	m	km
Observatorium Turm	114.8	—
» Wiese	82.9	—
Nuthe	37	1.4
Spandau	34.9	19.4
Heinersdorf	41.5	17.8
Kleinbeeren	48	18.5
Großbeeren	40	18.1

Von einer Reduktion der Beobachtungen auf gleiches Niveau wurde abgesehen. Wie aus den späteren Ausführungen noch hervorgehoben wird, ist es unmöglich, den gewöhnlich angewandten Reduktionsfaktor hier in Anwendung zu bringen, da die Eigenheiten der Stationen die normale Temperaturabnahme mit der Höhe total verwischen.

Die Temperaturbeobachtungen.

Die jährliche Amplitude.

Im allgemeinen ruft die Zunahme der Seehöhe eine Abnahme der jährlichen Wärmeschwankung hervor. Woeikof hat hierfür den treffenden Ausdruck geprägt: eine konvexe Oberfläche (Hügel, Berg) verkleinert die tägliche und jährliche Amplitude der Temperatur, eine konkave Oberfläche (Tal, Mulde) vergrößert dagegen die tägliche und jährliche Amplitude der Temperatur.

Die Differenzen zwischen dem kältesten und wärmsten Monat betragen in vorliegendem Falle: „Nuthe" 18.04^0, „Wiese" 18.07^0, Heinersdorf 18.89^0.

Wir sehen, die Stationen passen nur z. T. in das oben aufgestellte Schema. „Nuthe" und „Wiese" haben nahezu die gleiche jährliche Wärmeschwankung, „Wiese" die um einen allerdings nur ganz geringen Betrag größere. Heinersdorf könnte allenfalls mit der bekannten Tatsache in Einklang gebracht werden, daß auf erhöhten Ebenen die Jahresschwankung häufig größer ist als in benachbarten Tälern, wenn der Unterschied 0.8^0 gegen die beiden anderen Stationen nicht auffallend groß wäre.

Aus dieser flüchtigen Kritik ist bereits zu entnehmen, daß die allgemeine topographische Lage der zu untersuchenden Stationen nicht das ausschlaggebende Moment, das die an ihnen angestellten Beobachtungen beeinflußt, sein kann.

Der Gang der Abweichungen nach Termin und Monatsmitteln.

Die Differenzen W.—N. zeigen in ihrem jährlichen Verlaufe durchaus keinen regelmäßigen und einfachen Gang, vielmehr lassen sie vermuten, daß mehrere Faktoren bei der Erklärung in Frage kommen.

Jährlicher Gang der Differenzen Wiese minus Nuthe (1894—1908).

	7^a	2^p	9^p	Mittel		7^a	2^p	9^p	Mittel
Januar . . .	-0.18^0	-0.28^0	-0.16^0	-0.20^0	Juli	-0.09^0	-0.28^0	-0.15^0	-0.17_0
Februar . .	-0.28	-0.10	-0.28	-0.22	August . . .	-0.21	-0.28	0.21	0.03
März	-0.14	0.01	-0.06	-0.07	September . .	0.26	-0.33	0.53	0.24
April	-0.19	0.02	0.13	0.01	Oktober . . .	0.42	-0.27	0.41	0.24
Mai	-0.11	-0.09	0.12	0.00	November . .	0.02	-0.28	0.00	-0.06
Juni	-0.17	-0.32	-0.06	-0.15	Dezember . .	-0.24	-0.32	-0.21	-0.26
					Jahr . . .	-0.07	-0.21	0.04	-0.06

Die 7^a-Mittelwerte zeigen im Winter für die „Nuthe" die höhere Temperatur. Das Maximum der Differenz fällt zu dieser Jahreszeit in den Februar und beträgt 0.3^0. Im Frühling und Sommer bleibt die Differenz ebenfalls noch negativ, wobei sie zwischen 0.1^0 und 0.2^0 schwankt. Vom August zum September findet jedoch ein plötzlicher Vorzeichenwechsel statt, so daß im September die „Wiese" um 7^a wärmer als die „Nuthe" ist. Die Differenz beträgt dann $+0.26^0$; es besteht also Temperaturumkehr mit der Höhe. Der positive Wert steigt im Oktober noch bis auf 0.4^0, worauf im November, als Übergangsmonat zu den negativen Werten im Winter, „Wiese" und „Nuthe" zum Morgentermin übereinstimmen.

Die 2^p-Differenzen verlaufen wesentlich anders. Von negativen Werten im Dezember (-0.3^0), steigen sie verhältnismäßig schnell zu positiven Werten im März und April an, gehen dann aber wieder schnell in das Negative über und erreichen im Juni bereits ähnlich hohe negative Werte wie im Winter. Mit Ausnahme von März und April ist demnach im 2^p-Mittel die „Nuthe" wärmer als „Wiese". Der Überschuß beträgt meist 0.3^0, während Februar und Mai mit 0.1^0 als Übergangsmonate anzusehen sind.

Die 9^p-Differenzen gleichen in ihrem Gange im ersten Halbjahr dem der 2^p-, im zweiten Halbjahr dem der 7^a-Differenzen. Mit ersteren stimmen sie in den geringeren positiven Werten im Frühjahr, mit letzteren in beträchtlichen positiven Werten im Herbst überein. Das Maximum der negativen Differenzen liegt bei ihnen ähnlich wie beim Morgentermin im Februar mit -0.3^0. Die Differenz wird im März gering und ist im April und Mai positiv, etwa 0.1^0. Juni und Juli weisen negative Werte auf, die Herbstmonate dagegen wieder beträchtliche positive Werte. Das Maximum liegt im September mit $+0.5^0$, worauf schneller Abfall zu den negativen winterlichen Werten erfolgt. Zur Zeit des Abendtermins ist demnach einmal in den Monaten April und Mai, dann in den Monaten August, September, Oktober die „Wiese" wärmer als „Nuthe". In der zweiten Periode ist dieser Unterschied etwa 3 bis 4 Mal so groß wie in der ersten. In den übrigen Monaten hat die „Nuthe" die höheren Temperaturen.

Die Monatsmittelkurve gleicht natürlich in ihrem Verlauf der Kurve der 9^p-Differenzen, zumal dieser durch die Art der Berechnung $1/4\ (7^a + 2^p + 9^p + 9^p)$ das Übergewicht gesichert wird. Temperaturumkehr bestände hiernach nur in den Monaten August bis Oktober.

Das Jahresmittel berechnet sich für den Zeitraum 1894—1908 für „Wiese" zu 8.26^0, für „Nuthe" zu 8.32^0, es existiert also eine sehr geringe Temperaturabnahme mit der Höhe.

Betont muß werden, daß dieser Gang der Unterschiede zwischen der Wiesen- und der Nuthestation nicht etwa eine Eigentümlichkeit der gewählten Periode 1894—1908 ist, sondern daß er sich in ganz ähnlicher Weise auch in der Periode 1894—1903 wiederfindet.

Um den jährlichen Gang im einzelnen richtig verstehen zu können, muß die verschiedenartige Lage der Stationen Berücksichtigung finden. In Betracht kommt nicht allein der verschiedene Charakter als Hügel- und Talstation. Wir haben im Gegenteil gesehen, daß er in der Größe der jährlichen Wärmeschwankung und zum Teil auch in den Differenzen der Terminwerte absolut nicht zum Ausdruck kommt. Die Erklärung hierfür liegt nur in dem Umstand, daß der Nuthestation mit äußerst freier Lage die durch den Wald eingeschlossene „Wiese" gegenübersteht.

In einer früheren Arbeit[1]) habe ich die Unterschiede behandelt, die zwischen dem Temperaturgang auf „Wiese" und dem auf der 32 m höher freigelegenen Turmstation existieren. Auszugsweise gebe ich hier die Differenzen für die Terminwerte, die in dem vorliegenden Zusammenhang nur interessieren, wieder. Da sie sich auf die 12 Jahre 1893—1904 beziehen, sind sie mit der 15jährigen Periode ihren absoluten Werten nach nicht direkt vergleichbar, doch dürften sie immerhin eine Vorstellung von dem Sinn der Abweichungen geben.

Mittlere Differenzen der Temperatur Turm minus Wiese (1893—1904).

	7^a	2^p	9^p	Mittel		7^a	2^p	9^p	Mittel
Januar . . .	0.14^0	-0.34^0	0.20^0	0.05^0	Juli	-0.52^0	-1.27^0	1.18^0	0.14^0
Februar . . .	0.23	-0.63	0.31	0.06	August . . .	-0.06	-1.13	1.31	0.36
März	0.25	-0.85	0.46	0.08	September . .	0.25	-0.95	1.17	0.41
April	-0.08	-1.21	0.59	-0.03	Oktober . . .	0.31	-0.65	0.60	0.22
Mai	-0.47	-1.27	0.81	-0.03	November . .	0.26	-0.41	0.29	0.11
Juni	-0.54	-1.30	1.12	0.10	Dezember . .	0.15	-0.24	0.18	0.07
					Jahr	-0.01	-0.86	0.68	0.12

---

[1]) Knoch, Ein Beitrag zur Kenntnis der Temperatur- und Feuchtigkeitsverhältnisse in verschiedener Höhe über dem Erdboden. Veröffentl. d. Kgl. Preuß. Met. Instituts. Abhandlungen III, Nr. 2.

Die Kurven, die diese Abweichungen darstellen, sind höchst einfach.

Die 7^a-Differenzen-Kurve bewegt sich im Winterhalbjahr in positiven, d. h. der „Turm" ist wärmer, im Sommerhalbjahr dagegen in negativen Werten, d. h. die „Wiese" ist wärmer. In den Monaten September bis März steht der erste Termin im Mittel noch unter dem Einfluß der nächtlichen Temperaturumkehr. Diese ist nachts auch in den Sommermonaten vorhanden, aber in dieser Jahreszeit ist um 7^a die „Wiese" bei höherem Sonnenstande bereits stärker als der „Turm" erwärmt.

Die 2^p-Kurve ist eine einfache Funktion der Sonnenhöhe und damit der Einstrahlungsintensität. Der Sinn der Abweichungen ist in allen Monaten der gleiche, nur steigt ihre Größe mit der Sonnenhöhe von 0.2^0 in den Wintermonaten bis 1.3^0 in den Sommermonaten.

Der Abendtermin fällt in allen Monaten in jene Zeit, zu welcher die Abkühlung der untersten Schichten bereits mehr oder minder stark eingesetzt hat. Die Differenz „Turm"-„Wiese" ist dann stets positiv, die „Wiese" ist also immer kälter als der „Turm". Beachtenswert ist nur, daß der Anstieg vom Minimum im Dezember ($+0.2^0$) zum Maximum im August ($+1.3^0$) langsamer vor sich geht als der Abstieg von hier zum Minimum.

Die aus diesen Terminabweichungen nach $1/4$ ($7^a + 2^p + 9^p + 9^p$) berechneten Mittelwerte sind nahezu stets positiv mit dem Hauptmaximum im September (0.41) und einem sekundären Maximum im März (0.08). Nur April und Mai weisen geringe negative Werte auf.

Vergleicht man sie mit den Abweichungen, wie sie sich aus den 24stündigen Mitteln berechnen und in der oben zitierten Publikation angegeben sind, so bemerkt man ziemlich erhebliche Unterschiede. Außer im Januar und Dezember sind die Werte aus 24stündigem Mittel stets geringer. Sie erscheinen besonders in den Sommermonaten um etwa 0.2^0 verschoben. Es bleibt nur das Hauptmaximum im September mit 0.23^0, April bis Juli haben negative Abweichungen.

Die Ursache dieser abweichenden Werte ist darin zu suchen, daß das Mittel aus $1/4$ ($7^a + 2^p + 9^p + 9^p$) doch ein ungenügender Ersatz für das wahre Mittel ist. Diese Einschränkungen verdienen bei der Einschätzung der Monatsmitteldifferenzen Beachtung, zumal die täglichen Gänge an den verschiedenen Stationen nicht die gleichen sind, also die Mittel aus den Terminablesungen sich dem wahren Mittel auch nur in verschiedenem Grade nähern.

Welche Größen hier in Betracht kommen können, kann ich den Registrierungen von „Turm" und „Wiese" entnehmen. Die Unterschiede zwischen dem 24stündigen Mittel (M_{24}) und dem Mittel aus drei Terminen (M_3) sind in folgender Tabelle zusammengestellt. Die Angaben sind Mittelwerte für den Zeitraum 1893—1904.

Abweichungen der Terminmittel vom wahren Mittel.

	$M_3 - M_{24}$			$M_3 - M_{24}$	
	Turm	Wiese		Turm	Wiese
Januar	0.15^0	0.19^0	Juli	0.27^0	0.08^0
Februar	0.13	0.13	August	0.20	-0.07
März	0.11	0.03	September	0.08	-0.09
April	0.15	0.04	Oktober	0.08	0.02
Mai	0.30	0.14	November	0.10	0.10
Juni	0.35	0.15	Dezember	0.10	0.12
			Jahr	0.17	0.08

Das Mittel aus den Terminbeobachtungen auf „Wiese" nähert sich dem 24 stündigen Mittel mehr als das Terminmittel des „Turmes".

Für den „Turm" ist $M_3 - M_{24}$ stets positiv, das Terminmittel ist also höher als das 24 stündige Mittel. Am geringsten ist die Differenz in den Wintermonaten mit etwa 0.1°, wächst aber in den Sommermonaten bis zu 0.35° im Juni an.

Für „Wiese" liegt die maximale positive Differenz mit $+0.19^0$ im Januar, darauf wird sie geringer bis zum März, steigt dann wieder bis zum Juni, worauf Abfall bis zu den negativen Werten im August und September erfolgt. In diesen beiden Monaten liegt das 24 stündige Mittel also über dem Terminmittel.

Zum 9^p-Termin ist in allen Monaten die Abkühlung auf „Wiese" ziemlich weit vorgeschritten. Dieser Umstand drückt das Terminmittel herab, und nähert es mehr dem wahren Mittel im Gegensatz zum „Turm". Im August und September ist die abendliche Differenz „Turm"-„Wiese" ganz besonders groß, so daß das Terminmittel sogar unter das 24 stündige Mittel herabsinkt[1]).

Nachdem so die Beziehungen der Terminwerte auf „Wiese" zu dem freier gelegenen „Turm" diskutiert worden sind, auch die Bedeutung klargestellt wurde, die man den Mittelwerten beilegen darf, soll nunmehr „Turm" direkt mit der Talstation „Nuthe" verglichen werden. Da seit 1904 die Turmregistrierungen nicht mehr ausgewertet werden, muß ich mich hierbei auf die 10 Jahre 1894—1903 beschränken.

Mittlere Differenzen der Temperatur Turm minus Nuthe (1894—1903).

	7^a	2^p	9^p	Mittel		7^a	2^p	9^p	Mittel
Januar . . .	0.05°	—0.48°	0.13°	—0.04°	Juli	—0.65°	—1.43°	1.03°	—0.04°
Februar . .	0.14	—0.73	0.15	—0.08	August . . .	—0.30	—1.38	1.42	0.29
März. . . .	0.12	—0.88	0.54	0.08	September . .	0.60	—1.35	1.73	0.68
April . . .	—0.36	—1.21	0.68	—0.05	Oktober. . .	0.69	—0.96	0.91	0.39
Mai	—0.72	—1.36	0.91	—0.06	November . .	0.36	—0.60	0.36	—0.12
Juni	—0.76	—1.61	1.07	—0.06	Dezember . .	—0.05	—0.56	—0.10	—0.20
					Jahr . . .	—0.07	—1.05	0.74	0.07

Die auf Grund dieser Zahlen gezeichneten Kurven kann ich direkt mit den mir ebenfalls vorliegenden für den gleichen Zeitraum für W.—N. gezeichneten vergleichen. Trotz der bei weitem höheren Beträge machen erstere den Eindruck größerer Einfachheit, ein Zeichen, daß einfachere Beziehungen zwischen der „Nuthe" und der Turmstation bestehen.

In den Monaten Januar bis März zeigt sich beim Morgentermin auch im Mittel der Einfluß der nächtlichen Inversion, der bei der Differenz W.—N., wie oben angeführt, nicht mehr zu bemerken war. In den folgenden Monaten bis einschließlich August ist die „Nuthe" am Morgen bereits stärker erwärmt als der „Turm". Im Juni mit dem höchsten Sonnenstande und der kräftigsten Einstrahlung erreicht dieser Wert sein Maximum mit 0.8°. In den Herbstmonaten ist charakteristischerweise die Differenz „Turm" minus „Nuthe" wieder positiv, d. h. die „Nuthe" ist kälter; offenbar eine Folge der starken Ausstrahlung in den Nächten bei geringer Be-

---

[1]) s. a. O. Meissner, Zur Berechnung des Tagesmittels der Temperatur aus den beiden Extremen. Das Wetter XXIV, 282—286, 1907.

wölkung. Im Dezember schwankt in den einzelnen Jahren der Wert zwischen -0.4^0 und $+0.2^0$, im Mittel resultiert der Wert -0.05^0, d. h. die „Nuthe" ist dann bereits etwas wärmer als der „Turm".

Besonders einfach sind die Beziehungen zum 2^p-Termin. Die „Nuthe" als Talstation ist dann in allen Monaten beträchtlich wärmer als die Höhenstation. Die Differenzen steigen von den kleinsten Werten in den Wintermonaten mit -0.5^0 bis zu den höchsten Werten im Juni mit -1.6^0 stetig an.

Die mittleren Differenzen des Abendtermins besagen, daß zu dieser Zeit auf der Talstation die Abkühlung bereits stark eingesetzt hat, und es zur Ausbildung kalter stagnierender Bodenschichten gekommen ist. Die Differenzen sind mit Ausnahme Dezember positiv. Die stärkste Abweichung weist der September mit 1.7^0 auf, in diesem Monat ist zum Abendtermin im Mittel die „Nuthe" nahezu 2^0 kühler als der „Turm". In den weiteren Herbstmonaten wird diese Differenz geringer, da dann zum Abendtermin die Abkühlung bereits auch auf „Turm" übergreift. Im Dezember ist dieser um einen geringen Betrag kühler als die „Nuthe".

Ist so der Gang der Differenzen „Turm" minus „Nuthe" höchst einfach und deckt er sich mit den von anderen Stationen uns bekannten Beziehungen zwischen Höhe und Tal, so kommt in den Unterschieden zwischen „Wiese" und „Nuthe" die eigenartige eingeschlossene Lage der Wiesenstation stark zum Ausdruck.

Während zum 7^a-Termin die Differenz „Turm" minus „Nuthe" in den Monaten Januar bis März die normale Temperaturumkehr mit der Höhe zeigt, zeigen die Angaben der Wiesenstation in dieser mittleren Höhe noch scheinbar eine Schicht kälterer Luft an, mit geringerer Temperatur als die Talstation. Daß es sich hierbei nur um eine ganz lokal begrenzte Luftmasse, eben die in der Waldlichtung stagnierende, handeln kann, ist offenbar. Diese macht sich auch noch in den folgenden Frühlings- und Sommermonaten bemerkbar, in denen morgens die Differenz „Wiese" minus „Nuthe" gegen die Differenz „Turm" minus „Nuthe" auffallend gering ist. Erst in den Herbstmonaten zeigen dann die drei Stationen die normale Temperaturumkehr mit der Höhe. Die in dieser Zeit sehr geringe Bewölkung begünstigt eine äußerst starke Abkühlung auf „Nuthe". Daß in diesen Monaten die eingeschlossene Lage der Wiesenstation nicht zum Ausdruck kommt, dürfte zum Teil an den Talnebeln der „Nuthe" liegen, die hier eine Wirkung der Sonnenstrahlung zum Morgentermin noch nicht aufkommen lassen.

Zum Mittagstermin zeigen die Differenzen „Turm" minus „Nuthe" die einfachen Verhältnisse, wie sie für Tal und Höhenstation zu erwarten sind: Die Talstation ist stets wärmer und zwar beträchtlicher im Sommer als im Winter. Im Gegensatz hierzu hat die Differenz „Wiese" minus „Nuthe" vor allem zunächst viel geringere Werte. Dies ist ein Zeichen, daß die „Wiese" ebenfalls lokal stark erwärmt ist, gegen den „Turm" bis zu 1.3^0 im Juni. Sehr auffallend ist aber, daß sie sich in den Monaten Februar bis Mai stark den Nuthewerten nähert, in den Monaten März und April diese sogar übertrifft, also wärmer als die „Nuthe" ist. Diese auffallenden Differenzen sind reell. Sie finden sich auch in der Periode 1894—1903 wieder. Die späteren Ausführungen werden sie in ähnlicher Weise auch in anderer Beziehung zeigen, und wir müssen annehmen, daß sie eine Folge der in den Frühjahrsmonaten auf der Nuthestation noch häufigeren Bodenfröste sind, die sich noch in den mittäglichen Temperaturen bemerkbar machen.

Zur Zeit des 9p-Termins würde es das Normale sein, wenn die „Nuthe" in sämtlichen Monaten geringere Temperaturen als die „Wiese" aufzuweisen hätte, eine Folge der Abkühlung und Ansammlung kalter Luft an der Talsohle. Die Differenzen gegen „Turm" zeigen auch, wie wir gesehen haben, diesen normalen Gang. Vergleichen wir aber die „Nuthe" und „Wiese", so sehen wir ihn nur in den Frühlings- und Herbstmonaten ausgeprägt. In den übrigen Jahreszeiten ist die „Wiese" kälter als die „Nuthe". Diese lokale Abkühlungsinsel in der „Wiese" könnte bei ihrer geringen Ventilation unter den einmal gegebenen Verhältnissen das Normale sein, ähnlich wie zum Morgentermin in einigen Monaten. In den Frühjahrs- und Herbstmonaten ist die „Nuthe" aber bereits derartig stark abgekühlt, daß sie trotz der auch dann vorhandenen lokalen Abkühlung auf „Wiese" die niedrigere Temperatur hat.

Der Gang der Differenzen für die Monatsmittelwerte soll hier nicht näher diskutiert werden. Wie oben hervorgehoben wurde, können diese Werte wegen des verschiedenen täglichen Ganges an den einzelnen Stationen nicht direkt verglichen werden, wenn die Monatsmittel nicht vorher auf 24stündiges Mittel reduziert worden sind. Für die „Nuthe" ist dies wegen der fehlenden Beobachtungen nicht möglich. Denselben Reduktionsfaktor für alle Stationen zu verwenden, würde natürlich nicht erlaubt sein, da es sich hier gerade um kleine aber tatsächlich existierende Größen handelt.

Nicht unterlassen möchte ich es jedoch, noch einige Worte über die Temperaturabnahme, berechnet für 100 m Höhe, zu sagen, wie sie sich aus den Werten „Turm" und „Wiese" in Beziehung zur Talstation ableiten läßt.

Temperaturabnahme auf 100 m.

	Zwischen Nuthe und			Zwischen Nuthe und	
	Wiese	Turm		Wiese	Turm
Januar . . .	0.43°	0.05°	Juli	0.37°	0.05°
Februar . . .	0.48	0.10	August . . .	0.06	-0.37
März	0.15	-0.10	September . .	-0.52	-0.87
April	-0.02	0.06	Oktober . . .	-0.52	-0.50
Mai	0.00	0.08	November . .	0.13	0.15
Juni	0.33	0.08	Dezember . .	0.57	0.26
			Jahr	0.13	-0.09

Ein Vergleich mit den von Hann ermittelten Werten für die Temperaturabnahme im Gebirge (Hann, Klimatologie I, S. 216), die allgemein zur Reduktion auf N.N. angewandt werden, ergibt recht beträchtliche Unterschiede. Bei den aus „Nuthe" und „Wiese" abgeleiteten Zahlen ist nur in den Wintermonaten eine regelmäßige Temperaturabnahme mit der Höhe vorhanden, während sie in den übrigen Monaten mehr oder weniger durch lokale Einflüsse gestört ist. Durch Erkaltung der Täler im Winter wird im Normalen die Temperaturabnahme nach oben langsam, und so entsteht ein sehr stark ausgeprägter Gang der Abnahme. In vorliegendem Falle ist dies gerade umgekehrt. Die Angaben „Nuthe" und „Turm" zeigen nur eine ganz geringe Abnahme, in den Herbstmonaten sogar eine Zunahme. Handelt es sich also darum, durch Reduktion auf gleiches Niveau geringe Höhenunterschiede auszugleichen, so wird dies Verfahren nur dann Sinn haben, wenn keine lokalen Störungen vorhanden sind, da diese unter Umständen größer sein können als die durch die Höhenunterschiede bedingte Temperaturabnahme. Hann sagt zu diesem Punkte in der neuesten Auflage seiner Klimatologie I. S. 214: „Am langsamsten ist die Wärmeabnahme auf plateauartigen Gebirgserhebungen und ganz besonders auf den allmählich anschwellenden Landrücken von geringer Höhe, welche die Hauptmasse der Kontinente bilden. Hier verschwindet die Wärmeabnahme mit der Höhe bis zu etlichen hundert Metern zuweilen gänzlich und ist überhaupt dem Maße nach gar nicht genauer zu konstatieren." Man ersieht aus den mitgeteilten Werten wie problematisch unter Umständen die Reduktion von Temperaturangaben auf gleiches Niveau, selbst wenn es sich um Mittelwerte handelt, sein kann, und daß es gar nicht angebracht ist, z. B. auf Karten der Temperaturverteilung allzuviel Einzelheiten hervortreten zu lassen.

Nach diesen abschweifenden, aber doch notwendigen Betrachtungen kann nunmehr auch die Station in der Ebene, Heinersdorf, zum Vergleich herangezogen werden.

Mittlere Differenzen der Temperatur Wiese minus Heinersdorf.

	7^a	2^p	9^p	Mittel		7^a	2^p	9^p	Mittel
Januar . . .	0.04	-0.11	-0.10	-0.07	Juli	-0.32	-0.65	-1.27	-0.89
Februar . . .	-0.11	-0.22	-0.18	-0.17	August . . .	-0.09	-0.45	-1.02	-0.65
März	-0.14	-0.15	-0.57	-0.36	September . .	0.18	-0.10	-0.58	-0.28
April	0.10	-0.11	-0.77	-0.39	Oktober . .	0.17	-0.23	-0.20	-0.11
Mai	0.03	-0.36	-1.05	-0.61	November . .	-0.04	-0.13	-0.16	-0.12
Juni	-0.11	-0.52	-1.30	-0.81	Dezember . .	-0.07	-0.24	-0.06	-0.11
					Jahr	-0.03	-0.27	-0.61	-0.38

Die Unterschiede zwischen der Temperatur von Heinersdorf und „Wiese" verlaufen zum 7^a-Termin ziemlich unregelmäßig. Im November, Dezember, Februar, März und in sämtlichen Sommermonaten ist Heinersdorf morgens bereits wärmer als „Wiese". In den übrigen Monaten ist umgekehrt die „Wiese" bereits stärker erwärmt. Im Durchschnitt sind die Unterschiede nicht beträchtlich und dürften in den einzelnen Monaten vielleicht erst in längerer Beobachtungsreihe klarere Beziehungen erkennen lassen.

Wesentlich einfacher liegen die Verhältnisse zum Mittagstermin. In sämtlichen Monaten hat Heinersdorf die höhere Temperatur aufzuweisen. Im Winterhalbjahr ist dieser Unterschied nur gering, etwa 0.1 bis 0.2°, in den Sommermonaten steigt er dagegen bis zum Maximum von 0.6° im Juli an. In Gemeinschaft mit den von Hamberg[1]) gefundenen Unterschieden zwischen Freiland- und Waldstationen, die in den Sommermonaten zum Mittagstermin geringe Temperaturüberschüsse für die Freilandstationen ergaben, könnte aus den zwischen Heinersdorf und „Wiese" gefundenen Unterschieden ein abkühlender Einfluß des Waldes gefolgert werden. Diesem Schluß stehen jedoch die neueren Ergebnisse der von J. Schubert auf dem Versuchsfelde von Karzig-Neuhaus nördlich Landsberg a. W. angestellten Vergleichsbeobachtungen entgegen. Für die Mittagstemperaturen ergab sich: „Auf der Lichtung herrscht um 2^p, von März bis August auch um 8^a, höhere Temperatur als im Freien. Der größte Unterschied dieser Art zeigt sich um 2^p im Februar und betrug 0.50°"[2]). Wenn auch hiermit noch nicht gesagt ist, daß diese Verhältnisse ohne weiteres verallgemeinert werden dürfen, so wird man doch nicht umhin können, in dem

---

[1]) E. Hamberg, L'influence des forêts sur le climat de la Suède. S. 37.
[2]) Bericht über einen auf der 10. Allgem. Versammlung der Deutschen Met. Gesellschaft zu Berlin 1904 gehaltenen Vortrag. Met. Zeitschr. XXI, S. 303, 1904.

größten Teile der zwischen Heinersdorf und „Wiese" festgestellten Unterschiede einen Ausdruck lokaler Eigentümlichkeiten ersterer Station zu erblicken. Im übrigen muß die Frage, wie sich die Temperatur auf der Lichtung im Gegensatze zur freien Ebene gestaltet, gerade in bezug zur Größe der Lichtung, als noch nicht völlig geklärt erscheinen.

Besonders groß sind die Unterschiede „Wiese"—Heinersdorf zum Abendtermin. Auch hier ist Heinersdorf stets wärmer als die „Wiese". Das Minimum der Differenz liegt im Winter mit 0.1⁰, das Maximum im Sommer mit 1.3⁰. Zum Teil ist dies eine Folge der eingeschlossenen Lage der „Wiese", wodurch lokale Abkühlung im Gegensatz zu der um jene Zeit noch besser ventilierten Freilandstation begünstigt wird. Zum Teil wirkt der Wald abkühlend, da durch die Belaubung die wärmeausstrahlende Oberfläche vergrößert wird. Schließlich dürften andererseits die Abendwerte von Heinersdorf infolge der Nähe wärmeaufspeichernder Gebäulichkeiten merkbar zu hoch sein.

Wie groß dieser Fehler sein kann, läßt sich kaum abschätzen. Es würde daher sehr lohnend sein, durch vergleichende Beobachtungen die Unterschiede einer Aufstellung in einem geräumigen Hofraum, die nach den heutigen Begriffen als brauchbar gelten kann, gegen die im Freien herrschenden Temperaturen festzustellen.

Die Differenzenkurve der Monatsmittel liegt naturgemäß zwischen den 2^p- und 9^p-Kurven. Gering sind die Abweichungen im Winter, größer im Sommer. Der Juli mit 0.9⁰ weist das Maximum auf. Die aus den 3 Terminwerten berechneten Monatsmittel von Heinersdorf sind also ständig höher als die der Wiesenstation.

Ziehen wir schließlich noch in gleicher Weise den Vergleich zwischen der „Nuthe" und Heinersdorf, so fallen zunächst auch wieder die stark wechselnden Werte beim Morgentermin auf, die wie oben erwähnt, auch wohl weniger Bedeutung beanspruchen dürfen.

Mittlere Differenzen der Temperatur Nuthe minus Heinersdorf.

	7^a	2^p	9^p	Mittel		7^a	2^p	9^p	Mittel
Januar . . .	0.22	0.17	0.06	0.13	Juli	-0.23	-0.37	-1.12	-0.72
Februar . . .	0.17	-0.12	0.10	0.05	August . . .	0.12	-0.17	-1.23	-0.62
März . . .	0.00	-0.16	-0.51	-0.29	September . .	-0.08	0.23	-1.11	-0.52
April . . .	0.29	-0.13	-0.90	-0.40	Oktober . .	-0.25	0.04	-0.61	-0.35
Mai	0.14	-0.27	-1.17	-0.61	November . .	-0.06	0.15	-0.16	-0.06
Juni	0.06	-0.20	-1.24	-0.67	Dezember . .	0.17	0.08	0.15	0.15
					Jahr	0.04	-0.07	-0.65	-0.32

Entschiedener sind die Beziehungen zum 2^p-Termin ausgeprägt. In den Monaten Februar bis August hat Heinersdorf höhere Temperaturen, in den übrigen Monaten dagegen niedrigere als „Nuthe".

Ungezwungen lassen sich die Differenzen des 9^p-Termins erklären. Im Winter zeigt die „Nuthe" einen geringen Temperaturüberschuß, sodaß es dann in der Ebene kälter als im Tale ist. In den übrigen Jahreszeiten ist aber die „Nuthe" ihrer Tallage wegen bereits stärker abgekühlt. Dieser Betrag steigt bis zu 1.2⁰ in den Sommermonaten an, also zu einem ähnlich hohen Wert, wie wir ihn zwischen „Wiese" und Heinersdorf gefunden haben. Infolge ihrer Eingeschlossenheit verhält sich die „Wiese" hier ähnlich wie die Talstation.

Der jährliche Verlauf der Differenzen Turm minus Nuthe und Wiese minus Nuthe nach den Dekadenmitteln.

In den Veröffentlichungen des meteorologischen Observatoriums Potsdam sind für die Jahre 1894—1903 die Dekadenmittel der Abweichungen „Turm" minus „Nuthe" und „Wiese" minus „Nuthe" angegeben. Sie wurden zu Gesamtmittelwerten vereinigt, die in Tabelle I zusammengestellt und in Figur 1 graphisch wiedergegeben sind. Zu den vorhin mitgeteilten Differenzen nach Monatsmitteln bilden sie insofern, als sie einige interessante Einzelheiten schärfer hervortreten lassen, eine willkommene Ergänzung.

Die 7^a-Differenzen gegen „Wiese" sind bis zum September fast ausschließlich negativ, die „Nuthe" hat also höhere Temperaturen. Gegen „Turm" zeigt sich in den winterlichen Dekaden normale Temperaturumkehr. Die Zahlen zeigen auch hier wieder die durch lokale Verhältnisse der „Wiese" hervorgerufene eigenartige Temperaturschichtung. Mit der ersten Septemberdekade werden beide Differenzen positiv, die „Nuthe" hat von jetztan die tieferen Temperaturen. In den ersten beiden Dekaden sind die Differenzen noch sehr gering, schnellen in der dritten aber plötzlich in die Höhe. Diese Werte bilden auch im jährlichen Gange das Maximum. Obgleich die Differenzen im Oktober ebenfalls noch sehr hoch sind, so ist doch auch nach dieser Seite hin der Abfall stark ausgeprägt.

Die 2^p-Differenzen bieten weniger Interesse. Die „Nuthe" ist dann immer wärmer, mit Ausnahme der I. Mai-Dekade. Die hier dann noch häufiger auftretenden Bodenfröste beeinflussen demnach noch die mittägliche Temperatur, indem ein Teil der zugestrahlten Wärme zunächst zum Auftauen des Bodens verbraucht wird. Gegen den verhältnismäßig kühlen „Turm" ist die Differenz natürlich größer als gegen die ebenfalls lokal stark erwärmte „Wiese". Der Abstand beider Kurven ist wie zu erwarten im Sommerhalbjahr größer als im Winter.

Die 9^p-Kurve zeigt für die Differenz W.—N. zunächst wechselnde Werte. Erst mit der III. Juli-Dekade werden sie entschieden positiv — „Nuthe" kühler —, um den ganzen Herbst über positiv zu bleiben. Ganz und gar fällt die III. Septemberdekade wieder heraus. Die Differenz T—N ist bereits vom Februar an positiv. Sie steigt dann bis zum Herbst an, wo auch der charakteristische Septemberwert auftritt. Scheinbar auffallend ist daneben noch der Wert für die I. Juni-Dekade, was aber nur daran liegen dürfte, daß die folgenden Dekaden mit besonders tiefen Werten den regulären sommerlichen Anstieg, der eben mit der I. Juni-Dekade kräftiger einsetzt, wieder unterbrechen. An diesen geringen Werten werden die bekannten Kälterückfälle in der II. Dekade[1]) und die größere Bewölkung der I. Juni-Dekade (s. Tabelle) Anteil haben.

Das äußerst deutlich ausgeprägte Maximum der Differenzen 7^a und 9^p deckt sich mit dem aus langjährigen Temperaturreihen festgestellten Wärmerückfall[2]), bekannt im Volksmunde unter der Bezeichnung „Altweibersommer". Eine systematische Untersuchung dieser Witterungsperiode besteht leider bis jetzt noch nicht, doch lassen die von mir berechneten Dekadenmittel der Bewölkung zu Potsdam einen Schluß darüber zu, welchen Witterungszuständen diese starken Unterschiede zuzuschreiben sind.

---

[1]) Marten, Über die Kälterückfälle im Juni. Abhandl. des Preuß. Met. Instituts. Bd. II, Nr. 3.
[2]) Kremser, Fünfzigjährige Pentadenmittel der Lufttemperatur für Norddeutschland. Veröffentl. des Kgl. Preuß. Met. Inst. Ergebn. der Beobachtungen an den Stationen II. und III. Ordnung im Jahre 1900. XVII—XXIV. 1906.

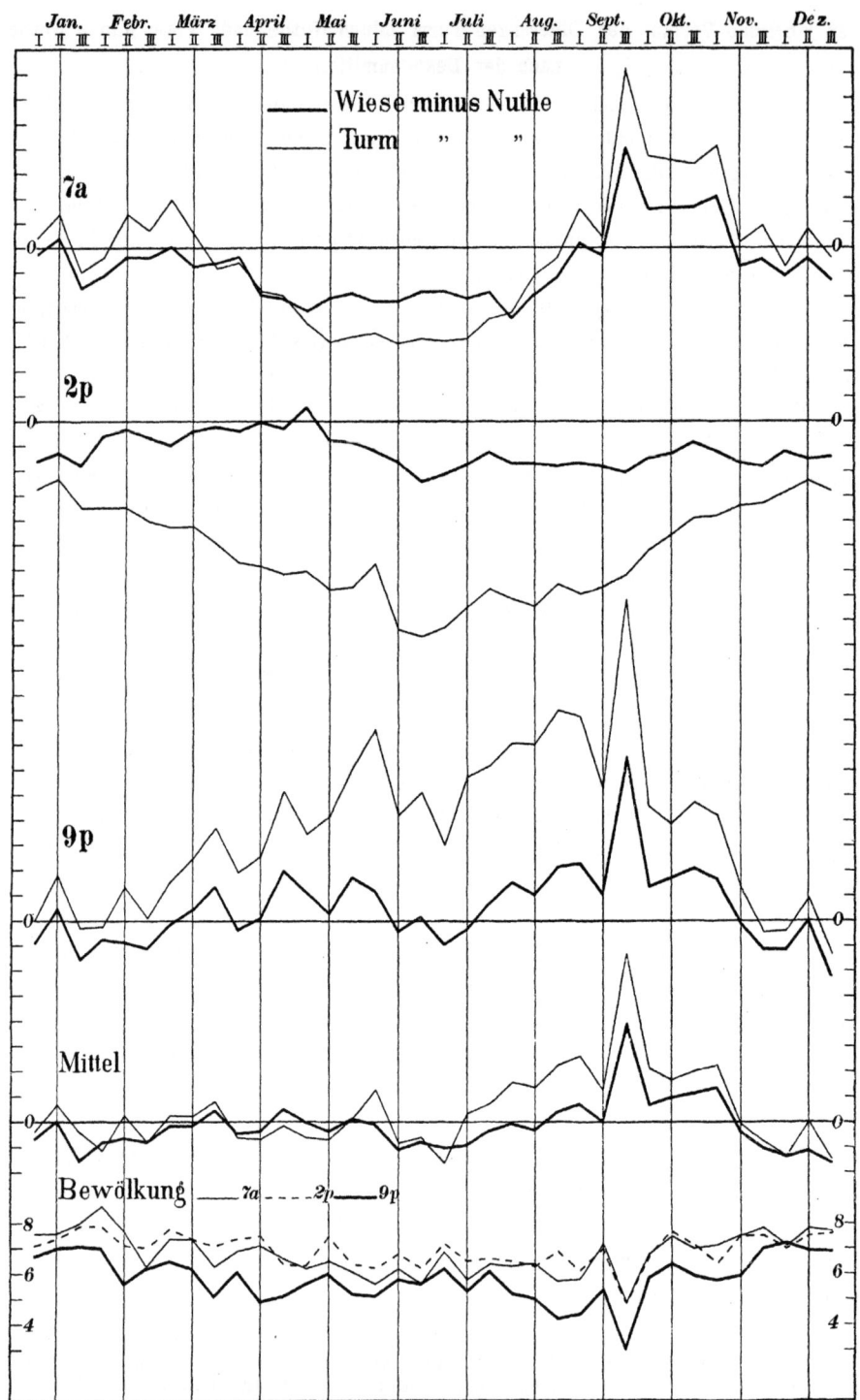

Fig. 1. Dekadenmittel der Temperaturdifferenzen Wiese minus Nuthe und Turm minus Nuthe verglichen mit den Dekadenmitteln der Bewölkung. (1894—1903.)

Dekadenmittel der Bewölkung zu Potsdam 1894—1903.

		7ᵃ	2ᵖ	9ᵖ			7ᵃ	2ᵖ	9ᵖ
Januar	I	7.6	7.1	6.7	Juli	I	6.9	7.2	6.2
	II	7.6	7.4	7.0		II	5.8	6.5	5.3
	III	8.0	**7.9**	7.1		III	6.4	6.6	6.1
Februar	I	**8.7**	**7.9**	7.0	August	I	6.3	6.5	5.2
	II	7.7	7.1	5.6		II	6.4	6.3	5.0
	III	6.3	7.0	6.2		III	5.7	6.9	4.2
März	I	7.4	7.8	6.5	September	I	5.8	6.1	4.4
	II	7.4	7.4	6.2		II	7.2	7.0	5.4
	III	6.3	7.1	5.1		III	**4.8**	**4.8**	**3.0**
April	I	6.9	7.4	6.1	Oktober	I	6.8	6.7	5.9
	II	7.1	7.5	4.9		II	7.5	7.7	6.4
	III	6.6	6.4	5.1		III	7.0	7.1	5.9
Mai	I	6.2	6.3	5.6	November	I	7.1	6.4	5.7
	II	6.5	7.5	6.0		II	7.5	7.5	5.9
	III	6.1	6.4	5.2		III	7.8	7.5	7.0
Juni	I	5.6	6.2	5.1	Dezember	I	7.1	7.0	**7.2**
	II	6.2	6.8	5.8		II	7.8	7.5	6.9
	III	5.6	6.2	5.6		III	7.7	7.6	6.9

Der beigefügten Tabelle und den diese Werte darstellenden Kurven entnehmen wir nämlich, daß die III. September-Dekade sich durch außergewöhnlich geringe Bewölkung bemerkbar macht, ja daß sie zu allen 3 Terminen das Jahresminimum und zwar in sehr ausgesprochener Weise zeigt. Daß klares Wetter größere Unterschiede zwischen der Talstation einerseits und der Hügel- sowie der Turmstation andrerseits sehr begünstigen wird, ist ohne weiteres einzusehen. Der Morgentermin auf „Nuthe" wird dann noch unter dem Einfluß besonders starker nächtlicher Abkühlung stehen, während zum Abend diese sich bereits im Tale stärker entwickelt haben wird.

Eine Untersuchung des jährlichen Ganges der Windstärke, die ebenfalls als Ursache hätte in Frage kommen können, ließ für die betreffende Dekade keine auffallenden Tatsachen erkennen.

Die Temperaturextreme.

Zur weiteren Charakterisierung der klimatischen Eigentümlichkeiten einer Station dienen die mittleren und absoluten Extreme. Da sie ganz besonders empfindliche Gradmesser für die lokalen Einflüsse sind, verdienen sie im Rahmen der vorliegenden Untersuchung auch besondere Beachtung.

DIE MITTLEREN EXTREME. Im Jahresmittel sind die Maxima mit 13.4⁰ am höchsten in Heinersdorf. Dann folgt „Nuthe" mit dem Wert 12.8⁰, Spandau in ähnlicher Lage mit praktisch dem gleichen Wert und schließlich „Wiese" mit 12.7⁰. Zwischen den drei letzten Stationen besteht also sozusagen kein Unterschied. Auch hier ist wieder festzustellen, wie die „Wiese" einer Talstation trotz ihrer erhöhten Lage ähnelt.

In den einzelnen Monaten finden wir für die Differenz W.—N. ganz ähnliche Verhältnisse, wie sie die mittleren 2ᵖ-Werte boten. Die Maxima auf „Nuthe" sind in den meisten Monaten um 0.2 bis 0.3⁰ höher als die auf „Wiese", nur in den Frühjahrsmonaten ist die Differenz positiv, die Maxima der „Wiese" haben demnach den höheren Wert. Häufigerer Bodenfrost dürfte, wie ich früher schon hervorhob, die Ursache sein.

Differenzen der mittleren Extreme.

	Mittleres Maximum				Mittleres Minimum			
	W.—N.	N.—Sp.	W.—Sp.	W.—H.	W.—N.	N.—Sp.	W.—Sp.	W.—H.
Januar	-0.44°	0.16°	-0.28°	-0.45°	0.24°	-0.35°	-0.11°	0.07°
Februar	-0.22	0.05	-0.07	-0.42	0.32	-0.39	-0.07	0.21
März	0.04	-0.04	0.00	-0.43	0.38	-0.51	-0.13	—0.06
April	0.14	-0.06	0.08	-0.42	0.83	-0.80	0.03	0.12
Mai	0.07	-0.13	-0.06	-0.78	1.02	-0.84	0.18	0.03
Juni	-0.23	-0.07	-0.30	-1.08	1.06	-0.67	0.39	0.35
Juli	-0.24	-0.15	-0.39	-1.28	1.03	-0.64	0.39	0.19
August	-0.19	0.03	-0.16	-1.17	1.21	-0.93	0.28	0.48
September	-0.23	0.24	0.01	-0.73	1.58	-1.06	0.52	0.62
Oktober	-0.14	0.20	0.06	-0.44	1.35	-1.05	0.30	0.45
November	-0.22	0.10	-0.12	-0.46	0.76	-0.87	-0.12	0.14
Dezember	-0.37	0.15	-0.22	-0.48	0.42	-0.62	-0.20	0.01
Jahr	-0.17	0.04	-0.13	-0.68	0.85	-0.73	0.12	0.21

„Wiese" mit der zweiten Talstation Spandau verglichen zeigt die positiven Werte auch im September und Oktober.

„Nuthe" und Spandau selbst stehen in ziemlich einfachen Beziehungen zueinander. Die mittleren Maxima sind von März bis Juli in Spandau höher als auf „Nuthe", in den übrigen Monaten dagegen niedriger. Dies ist um so auffallender, weil in Spandau die Hütte auf der Nordseite des Hauses steht, also nicht wie auf „Nuthe" der Sonnenstrahlung frei ausgesetzt ist. Aus diesem Grunde wird jedoch auf „Nuthe" die Ventilation besser sein als in Spandau, wo die massigere Wildsche Hütte bekanntlich Neigung zur Erhöhung des Maximums zeigen wird. Der trockenere Boden in der Umgebung der Station wird auch stärkere Wärmegrade entwickeln als die entschieden feuchteren Nuthewiesen, die außerdem näher an ausgedehnten Wasserflächen liegen als die Station Spandau. Die Unterschiede selbst sind gering. September mit etwa 0.2° zeigt die größte Abweichung.

Beträchtlich sind dagegen die Differenzen W.—H., welche zeigen, daß Heinersdorf in sämtlichen Monaten höhere Extreme als „Wiese" aufzuweisen hat. Im Winter erreichen sie mit 0.4—0.5° bereits die höchsten Abweichungen, die in den Beziehungen der anderen Stationen untereinander überhaupt vorkommen. Nach dem Sommer zu steigen sie an und erreichen mit 1.3° im Juli ihr Maximum. Die Werte sind derartig hoch, daß Zweifel an ihrer Realität auftauchen.

Nach dem Jahresmittel des mittleren Minimums ordnen sich die Stationen folgendermaßen ein:

    Nuthe 3.6°   Heinersdorf 4.3°   Spandau 4.4°   Wiese 4.5°

Bei dieser Vergleichung fällt „Nuthe" sehr gegen die übrigen Stationen ab. Tiefe Minima sind besonders charakteristisch für diese Station und werden später noch allein für sich betrachtet werden.

Die Differenzen W.—N. zeigen im jährlichen Verlauf sehr ausgeprägt die verschiedene Lage der Stationen. Die Minima auf „Nuthe" sind im Mittel stets tiefer. Der Unterschied steigt von 0.2—0.4° in den Wintermonaten bis zum Maximum von 1.6° in den Herbstmonaten mit geringer Bewölkung an.

Gegen Spandau sind die Werte im Vorzeichen wechselnd. Vom November bis März sind sie negativ, d. h. die Minima in Spandau sind nicht so ausgeprägt. Die „Wiese" hat also ausgesprocheneren Talstationscharakter als Spandau selbst. Nur in den Monaten April bis Oktober zeigt Spandau die tieferen Minima.

Überraschend groß sind die Unterschiede zwischen den beiden Talstationen. Spandau hat z. T. bedeutend höhere Werte der Minima als „Nuthe". Im September macht dieser Betrag etwa 1.0⁰ aus. Die Nuthestation befindet sich demnach in einer ausgeprägteren Tallage als Spandau. Bei der Betrachtung der Frosttage wird sich Gelegenheit bieten, diese Verhältnisse näher zu beleuchten.

Die Differenzen W.—H. sind in ihren Beträgen wechselnder als bei den übrigen Stationen. Die Minima sind in Heinersdorf mit Ausnahme von Februar stets tiefer als auf „Wiese". Der größte Unterschied beträgt 0.6⁰ im September. Aus diesem Verhalten Schlüsse zu ziehen, sei aus mehrfach angedeutetem Grunde absichtlich vermieden.

In ähnlicher Weise wie der Gang der Terminmittel wurde auch der der mittleren Extreme nach Dekaden berechnet. Von einer Reproduktion der Kurven wurde abgesehen, vielmehr nur die entsprechenden Zahlen in Tabelle I mitgeteilt.

Die Differenzen W.—N. der mittleren Maxima sind überall gering. Vom Ende Februar bis Mitte Mai sind sie positiv, sonst beständig negativ. Gegen „Turm" hat die „Nuthe" ständig höhere Maxima.

Die Minima der „Nuthe" sind naturgemäß stets geringer. In Beziehung zum „Turm" ist diese Differenz größer als zur „Wiese". Die dritte Septemberdekade fällt auch hier besonders aus den übrigen Differenzen heraus.

DIE ABSOLUTEN EXTREME. Den mittleren absoluten Extremen ist im Vergleich zu den mittleren Extremen nicht jene Sicherheit in den Größenangaben beizumessen. Bei der Kürze des Zeitraumes, wo jeder Wert das Mittel aus nur 15 Ablesungen darstellt, fallen Ablesefehler, mangelhafte Einstellung und dergl. sehr ins Gewicht. Unter diesem Vorbehalt seien die berechneten Werte der Vollständigkeit wegen in Form von Differenzen der Stationen untereinander mitgeteilt und in großen Zügen diskutiert.

Differenzen der mittleren absoluten Extreme.

	Mittleres absolutes Maximum				Mittleres absolutes Minimum			
	W.—N.	N.—Sp.	W.—Sp.	W.—H.	W.—N.	N.—Sp.	W.—Sp.	W.—H.
Januar	-0.3°	0.2°	-0.1°	-0.4°	1.4°	-0.4°	1.0°	0.5°
Februar	-0.2	0.2	0.0	-0.1	2.0	-0.9	1.1	0.7
März	0.3	0.1	0.4	0.1	0.8	-0.2	0.6	0.0
April	0.2	-0.1	0.1	-0.2	1.8	-1.0	0.8	0.0
Mai	0.1	-0.1	0.0	-1.2	2.4	-1.8	0.6	0.5
Juni	-0.2	-0.2	-0.4	-1.3	2.5	-1.0	1.6	1.2
Juli	-0.4	0.0	-0.4	-1.6	2.4	-1.6	0.8	0.9
August	-0.2	0.2	0.0	-1.1	3.0	-1.6	1.4	1.0
September	-0.2	0.5	0.3	-0.6	3.2	-1.3	1.9	1.2
Oktober	-0.1	0.3	0.2	-0.1	2.4	-1.1	1.3	0.3
November	0.0	0.3	0.3	0.2	1.1	-0.7	0.4	-0.1
Dezember	-0.4	0.4	0.0	-0.1	1.6	-0.4	1.2	0.4
Jahr	-0.2	0.2	0.0	-0.6	2.0	-1.0	1.0	0.5

Im allgemeinen bieten die verschiedenen Stationen in den absoluten Maxima etwa das gleiche Bild wie bei den mittleren Extremen, nur mit dem Unterschiede, daß die Beträge jetzt weit größer sind. Bei „Wiese"—Heinersdorf überraschen die geringeren Werte im Frühjahr und Herbst. Beide Stationen haben dann etwa gleich tiefe absolute Maxima.

Ganz besonders unterscheiden sich die Stationen durch ihre extremen Minima. Die größten Unterschiede bestehen auch hier wieder zwischen „Wiese" und „Nuthe". September zeigt mit 3.2⁰ den höchsten Wert. „Nuthe"—Spandau und „Wiese"—Heinersdorf zeigen den mittleren Minima ganz entsprechende, aber in den Unterschieden verstärkte Verhältnisse. Spandau mit „Wiese" verglichen hat in allen Monaten doch die tieferen extremen Werte, im Gegensatz zu den mittleren Minima, bei denen „Wiese" in den Wintermonaten die geringeren Werte hatte.

Eine Zusammenstellung der in dem 15 jährigen Zeitraume 1894—1908 überhaupt beobachteten höchsten und tiefsten Temperaturen mag die Betrachtungen über die Extreme beschließen:

	Absolutes Maximum	Absolutes Minimum
Wiese	35.9⁰ 16. Juli 1904	−18.9⁰ 5. Januar 1894
Nuthe	37.0⁰ 16. Juli 1904	−24.0⁰ 8. Februar 1895
Spandau	36.8⁰ 16. Juli 1904	−20.3⁰ 8. Februar 1895
Heinersdorf	36.5⁰ 16. Juli 1904	−21.5⁰ { 8. Februar 1895 / 15. Dezember 1899 }

Die aperiodischen Schwankungen.

Aus den eben besprochenen mittleren Extremen lassen sich leicht die aperiodischen Temperaturschwankungen in den einzelnen Monaten berechnen.

Aperiodische Temperaturschwankung. (Max.—Min.)

	Wiese	Nuthe	Spandau	Heinersdorf		Wiese	Nuthe	Spandau	Heinersdorf
Januar	4.99⁰	5.67⁰	5.16⁰	5.51⁰	Juli	10.29⁰	11.56⁰	11.07⁰	11.76⁰
Februar . . .	5.83	6.37	5.93	6.46	August . . .	10.14	11.54	10.58	11.79
März	7.78	8.12	7.65	8.15	September . .	9.47	11.28	9.98	10.82
April	9.50	10.19	9.45	10.04	Oktober . . .	7.80	9.29	8.04	8.69
Mai	**10.90**	11.85	11.14	11.71	November . .	5.84	6.82	5.84	6.44
Juni	10.86	**12.15**	**11.55**	**12.29**	Dezember . .	**4.58**	**5.37**	**4.60**	**5.07**
					Jahr	8.17	9.19	8.42	9.06

„Wiese" und „Nuthe" zeigen hier die typischen Unterschiede einer Berg- und Talstation, indem „Nuthe" in allen Monaten größere Differenzen als „Wiese" aufzuweisen hat. Die Differenz ist in den Wintermonaten gering, dagegen größer im Sommerhalbjahr. Das Maximum fällt auch hier wieder, wie vorauszusehen war, auf den September, in welchem die aperiodische Schwankung der „Nuthe" um 1.8⁰ kleiner ist, als die der „Wiese". Die Unterschiede der Wiesenamplituden gegen die von Spandau sind nicht so beträchtlich. In den Winter- und Übergangsmonaten sind sie meist ganz gering, im Juli erreichen sie als Maximum nur 0.8⁰. Heinersdorf zeigt sich ähnlich hohe Werte wie „Nuthe".

Im Jahresmittel hat „Nuthe" als Talstation den größten Wert. Anschließend folgt Heinersdorf, während die zweite Talstation Spandau mehr der Wiesenstation als der Nuthestation ähnelt.

Diese Betrachtung der aperiodischen Schwankungen im Gesamtmonatsmittel muß vervollständigt werden durch die Berücksichtigung der Stärke der Bewölkung bei einer Trennung nach bedeckten und heiteren Tagen. Dieser Vergleich wurde nur für die direkt benachbarten Stationen „Wiese" und „Nuthe" unter Benutzung der Beobachtungsjahre 1894—1908 durchgeführt.

Da die wohl meist angewandte Definition der heiteren und der trüben Tage nach den 3 Terminbeobachtungen nur ein Notbehelf sein dürfte, nehme ich hierbei die Gelegenheit wahr, um die durch diese Auszählungsart entstandene Fehlerquelle mit Hilfe der am Observatorium angestellten 2 stündigen Wolkenbeobachtungen der Größe nach festzustellen.

DIE AMPLITUDEN AN TRÜBEN TAGEN. Nach der Anleitung, die das Kgl. Meteorologische Institut seinen Beobachtern in die Hand gibt, sollen beim Auszählen der trüben Tage als solche die gelten, bei denen das Tagesmittel der Bewölkung mehr als 8.0 beträgt. Anderswo wird häufig ein trüber Tag dadurch charakterisiert, daß keiner der drei Termine eine geringere Bewölkungsziffer als 8 aufweisen darf. Schließlich werden an den Stationen, von denen Sonnenscheinregistrierungen vorliegen, zuweilen nur die Tage als trübe bezeichnet, die überhaupt keine Brennspur am Sonnenscheinautographen zeigen.

Diese letzte Methode ist von den angeführten entschieden die beste, doch ist sie immer noch mit einem starken Fehler behaftet, indem sie die nächtliche Bewölkung vollständig unberücksichtigt läßt. Gerade ein Aufklaren in der Nacht kann das Minimum unverhältnismäßig stark herabdrücken, wodurch die Amplitude naturgemäß wesentlich vergrößert erscheint.

Um den Fehler zahlenmäßig festzulegen, wurde eine Auszählung nach doppeltem Verfahren vorgenommen. Einmal wurden als trübe Tage solche angesehen, deren Sonnenscheinregistrierung keine Brennspur zeigte und die an keinem der mindestens 2 stündigen Termine eine geringere Bewölkungsziffer als 8 aufwiesen. Dann wurde das Gleiche nur unter Berücksichtigung der Terminbeobachtungen vorgenommen. Hierbei wurde in Betracht gezogen, daß nach dem Zeitpunkt der Ablesung die Extreme für die Zeit von 9^p des Vortages bis 9^p des betreffenden Tages gelten und somit auch die Bewölkungsangabe des Abendtermins vom Vortag Berücksichtigung finden mußte. Mithin standen auch hier für den Zeitraum von 24 Stunden 4 Beobachtungen zur Verfügung, je eine am Anfang und Ende und 2 in der Mitte. Wenn man bedenkt, daß meist der Vorabendtermin nicht berücksichtigt wird, so bedeutet dies offenbar bereits eine Verbesserung der Methode, da dieser Termin in vielen Fällen das nächtliche Bewölkungsminimum andeutet.

Einige auf die oben angegebene Weise ausgewählte Tage mußten noch gestrichen werden, da an ihnen Witterungsumschläge stattgefunden hatten und auf diese Weise die Amplituden unverhältnismäßig groß ausfielen. Da aber die Trennung in heitere und trübe Tage Aufschluß über die Wirkung oder das Fehlen der Ein- bezw. Ausstrahlung geben soll, hielt ich die Ausschaltung dieser wenigen Tage für zweckentsprechend.

Anzahl der trüben Tage (1894—1908) nach doppelter Auszählung.

	I	II	III	IV	V	VI	VII	VIII	IX	X	XI	XII
Nach 2 stündigen Terminen . .	110	66	56	21	18	7	15	3	12	44	76	104
Nach nur 4 Terminen	146	84	67	32	21	11	17	3	18	54	99	138
Überschuß in Prozenten . . .	33	27	20	52	17	57	13	0	50	23	30	33

Diese Zahlen lehren: Die Berücksichtigung einer zu geringen Anzahl von Beobachtungen bei der Auszählung der trüben Tage fälscht deren Anzahl in den Wintermonaten durchschnittlich um 30%, während in den Sommermonaten dieser Fehler auf über 50% anwachsen kann[1]).

Wie groß der Einfluß dieser verschiedenartigen Definition auf die Berechnung der Amplituden ist, geht aus der folgenden Tabelle hervor.

Die Amplituden auf Wiese und Nuthe an trüben Tagen 1894—1908.

	Unter Berücksichtigung von 2 stündigen Terminen			Unter Berücksichtigung von nur 4 Terminen		
	Wiese	Nuthe	Differenz N.—W.	Wiese	Nuthe	Differenz N.—W.
Januar	3.0°	3.3°	0.3°	3.2°	3.5°	0.3°
Februar	3.1	3.4	0.3	3.4	3.6	0.2
März	3.7	3.9	0.2	4.1	4.2	0.1
April	3.3	3.6	0.3	4.3	4.7	0.4
Mai	4.5	4.5	0.0	4.4	4.6	0.2
Juni	4.5	4.8	0.3	5.3	5.6	0.3
Juli	3.7	3.9	0.2	4.3	4.7	0.4
August	4.7	4.9	0.2	4.7	4.9	0.2
September	3.0	3.5	0.5	3.2	3.7	0.5
Oktober	3.3	3.4	0.1	3.6	3.8	0.2
November	2.8	3.1	0.3	3.1	3.6	0.5
Dezember	2.7	2.9	0.2	2.9	3.2	0.3

Bei der Auszählung nach nur 4 Terminen fallen die Amplituden stets zu groß aus. Der Fehler erreicht im April mit +1.0° sein Maximum.

Bezüglich des eigentlichen Themas lehrt die Tabelle, daß die „Nuthe" auch an den trüben Tagen in sämtlichen Monaten die größeren Amplituden hat. Allerdings ist der Unterschied nur sehr gering. Im Maximum beträgt er 0.5° im September, im Jahresmittel nur 0.2°.

DIE AMPLITUDEN AN HEITEREN TAGEN. Als heitere Tage wurden die angesehen, an denen die zweistündigen Termine keine größere Bewölkungsziffer als 3 zeigten. Die Anzahl der Tage, die so herausgewählt werden konnte, verteilte sich in folgender Weise auf die verschiedenen Monate.

Januar	34		Juli	23
Februar	15		August	24
März	30		September	58
April	29		Oktober	26
Mai	22		November	22
Juni	33		Dezember	16

Die an diesen Tagen auf „Wiese" und „Nuthe" aufgetretenen Amplituden ergaben nebenstehende Werte.

Im Gegensatz zu den Amplituden an trüben Tagen zeigen diese an heiteren einen stark ausgeprägten jährlichen Verlauf, indem sie in den Sommermonaten etwa doppelt so groß als in den Wintermonaten sind. Auch die Differenz zwischen „Wiese" und „Nuthe" ist bedeutend

---

[1]) Einen ähnlichen Vergleich hat bereits O. Meißner in seiner Arbeit: Bewölkung und Sonnenschein in Potsdam (1894—1900), Met. Zeitschr. 1907, S. 406—416 angestellt. Da aber nach seiner Definition ein Tag mit einem Bewölkungsmittel > 8 als trüber bezeichnet wird, so ist es nicht erstaunlich, wenn er verhältnismäßig geringe Unterschiede erhält; so für die trüben Tage in der Gesamtsumme 1894—1900 nur 19 Tage zu viel.

Die Amplituden auf Wiese und Nuthe an heiteren Tagen 1894—1908.

	Wiese	Nuthe	Differenz		Wiese	Nuthe	Differenz
Januar . . .	8.3°	9.8°	1.6°	Juli . . .	14.8°	17.6°	2.8°
Februar . .	9.6	10.3	0.7	August . .	15.2	18.2	3.0
März . . .	13.7	14.8	1.1	September .	14.0	18.1	4.1
April . . .	14.7	16.3	1.6	Oktober .	15.6	17.5	1.9
Mai	15.4	18.3	2.9	November .	10.0	11.9	1.9
Juni . . .	15.0	17.7	2.7	Dezember .	7.5	8.8	1.3

größer und zeigt ebenfalls einen jährlichen Verlauf. Die durch die topographischen Bedingungen geschafften Unterschiede treten besonders stark hervor, im Gegensatz zu den trüben Tagen, an denen sie fast vollständig verwischt werden. Der September zeichnet sich auch hier wieder dadurch aus, daß er das Maximum mit 4.1° aufweist.

Die besonders tiefen nächtlichen Minima auf der Nuthestation.

Tallagen werden im allgemeinen durch tiefe nächtliche Minima charakterisiert. Da wo die Unterschiede stärker auftreten, hat diese Erscheinung entschieden praktische Bedeutung für Bebauung und Besiedelung, insofern diese die eigentliche Talsohle meiden und erst an den Talgehängen beginnen[1]).

Um zu zeigen, daß auch bei den geringen Höhenverhältnissen, die zwischen „Nuthe" und „Wiese" bestehen, recht häufig bedeutende Unterschiede zwischen den nächtlichen Minima entstehen können, wurde ihre Häufigkeit nach gewissen Größen geordnet festgestellt. Hierbei ist in Betracht zu ziehen, daß die Gleichzeitigkeit der Beobachtungen nicht unbedingt gewahrt sein muß, und auch die Wiesenstation infolge ihrer eingeschlossenen Lage zur Ausbildung tiefer Temperaturen durch Abkühlung bei klarem Himmel neigt.

Die Tabelle gibt die Summe der Fälle an, bei denen Unterschiede von mindestens 3°, 5° und 7° im 15 jährigen Zeitraume in den einzelnen Monaten beobachtet wurden.

Große Unterschiede zwischen den Minima auf Wiese und Nuthe.

Häufigkeitssummen im Zeitraum 1894—1908.

	I	II	III	IV	V	VI	VII	VIII	IX	X	XI	XII	Σ
> 3°	21	20	25	58	81	78	85	93	127	105	66	26	785
> 5°	5	6	1	15	20	19	22	24	46	26	7	5	196
> 7°	—	2	—	2	3	3	—	3	7	5	—	—	25

Stärkere Unterschiede zwischen den Minima innerhalb der Wintermonate sind selten. Fälle, bei denen die Differenz größer als 3° ist, treten nur etwa 1—2 mal jährlich auf. Ihre Häufigkeit wächst aber nach dem Sommer zu stark an; am häufigsten sind sie natürlich im September, auf den durchschnittlich über 8 Fälle jährlich entfallen. Verhältnismäßig häufig sind ebenfalls noch die Unterschiede von mindestens 5°. In der Zeit vom April bis Oktober kommen sie immerhin durchschnittlich in jedem Monat einmal vor. September steht auch hier wieder an der Spitze. Selten sind natürlich die beträchtlichen Differenzen, die 7° übersteigen. In dem ganzen 15 jährigen Zeitraum wurden nur 25 Fälle gezählt.

---

[1]) s. Hann, Handbuch der Klimatologie. III. Aufl. I, S. 223—225.

Der maximale Unterschied von 8.7⁰ wurde am 24. September 1895 beobachtet.

Noch bedeutender werden natürlich die Unterschiede zwischen „Nuthe" und der Turmstation des Observatoriums sein. Unterschiede von 10⁰ dürften nicht zu den Seltenheiten gehören. In der Besprechung des ersten Jahrgangs der Nuthebeobachtungen wird in den „Ergebnissen" 1894, S. VIII, ein Fall vom 26. zum 27. März 1894 erwähnt. In dieser Nacht war die „Nuthe" durchweg kälter als der Telegraphenberg. Die Differenz gegen den „Turm" betrug um 8ᵖ und 6ᵃ 7⁰, und erreichte um Mitternacht 9⁰, so daß um diese Zeit an der Nuthestation Frost eintrat, während das Observatorium noch 7⁰—10⁰ Wärme hatte.

Die Wetterlage, die für die maximalen Unterschiede von mindestens 7⁰ untersucht wurde, ergab nichts wesentlich auffallendes. Bei etwa ³/₄ aller Fälle lag die Station inmitten eines Hochdruckgebietes, wo sehr intensive Ausstrahlung bei klarem Himmel oder doch nur geringer Bewölkung die Abkühlung und Ansammlung kalter Luftmassen im Tale begünstigte. Beim Rest der Fälle befand sich die Station am Rande eines meist in östlicher Richtung abziehenden Hochdruckgebietes, während von W her eine Depression heranrückte. Da hierbei meist W- und SW-Winde herrschen, wird die „Nuthe" ebenfalls im Windschatten des Höhenzuges liegen, hinter dem die Luft dann trotz der größeren Windstärke zum Stagnieren und zu intensiver Abkühlung gelangen kann. Daneben wird auch der bekannte wärmere Luftstrom an der Vorderseite der Depression einen geringen Einfluß auf die höhere Temperatur der Wiesenstation haben.

Anzahl der Eis-, Frost- und Sommertage.

In der Anzahl der Tage mit bestimmten Maximal- und Minimaltemperaturen treten die Eigenheiten einer Station besonders stark hervor. Derartige Beobachtungsresultate können allerdings auch durch verschiedenartige Aufstellung der Instrumente wesentlich beeinflußt sein. Mehr oder weniger freie Lage der Station und wechselnde Höhe der Thermometer über dem Erdboden sind die beiden Faktoren, die am meisten die Zahlen beeinträchtigen können. Das letztere Moment dürfte in vorliegendem Falle keine wesentliche Rolle spielen, wohl aber werden die noch festzustellenden Unterschiede zum Teil in ganz örtlichen Verhältnissen der Stationen begründet sein.

Die größte Anzahl der Eistage (s. Übersichtstabellen am Schluß der Arbeit) hat mit 25 im Jahre die Wiesestation. Es folgt Spandau mit 24, „Nuthe" mit 23 und zuletzt Heinersdorf mit 20. Dieser scharf ausgesprochene Gegensatz zwischen „Wiese" und Heinersdorf ist bezeichnend. In Heinersdorf kommt es bei den hohen Mittagstemperaturen sehr selten vor, daß die Temperatur unter 0⁰ bleibt. In der großen Anzahl der Eistage auf „Wiese" dürfte zunächst das bekannte Gesetz zu finden sein, daß die Eistage besonders von der Höhe abhängig sind[1]), daneben wird sich auch hier wieder der Einfluß der Waldlichtung mit ihrer Schneebedeckung von größerer Dauer bemerkbar machen. Der Überschuß der „Wiese" erstreckt sich auf sämtliche Monate. Die beiden Talstationen „Nuthe" und Spandau zeigen in diesem Falle keine nennenswerten Unterschiede.

---

[1]) G. Schwalbe, Über die Häufigkeit der Frost-, Eis- und Sommertage in Norddeutschland. Met. Zeitschr XIV, S. 164, 1897.

Bei der Anzahl der Frosttage liegen die Verhältnisse weit anders. Nach der Jahressumme ordnen sich die Stationen nach folgender Reihenfolge ein:

> Nuthe 107
> Wiese 95
> Heinersdorf. 95
> Spandau 93

Im Januar ist die Anzahl der Frosttage, ähnlich wie bei den Eistagen, auf „Wiese" etwas größer als auf „Nuthe", in den übrigen Monaten jedoch immer kleiner. Die Differenz ist am größten im Oktober, in dem die „Nuthe" mehr als doppelt so viel Frosttage als „Wiese" aufweist. Bemerkenswert ist ferner der September, in welchem in dem betrachteten Zeitraume auf „Wiese" kein Frosttag auftrat, während „Nuthe" im Mittel fast in jedem Jahre einen aufzuweisen hat. Diese Unterschiede in den Übergangsmonaten sind derartig ausgesprochen, daß es begreiflich erscheint, wenn sie später in besonderen Ausführungen eingehender behandelt werden.

Zwischen „Wiese" und Heinersdorf besteht praktischer Weise kein Unterschied. Vielleicht könnte man nur für Heinersdorf einen Überschuß im Mai und den Herbstmonaten, für „Wiese" einen solchen in der Zeit vom Januar bis zum April herauslesen.

Auffallend viel Frost zeigt dagegen die Nuthestation im Vergleich zu Spandau. An dem Überschuß von 14 Tagen im Jahre sind besonders die Übergangsmonate beteiligt, wonach zu urteilen hauptsächlich die leichteren Fröste in Frage kommen dürften.

Zur Erklärung dieses Unterschiedes wird die verschiedenartige Aufstellung der Stationen allein nicht ausreichen. Die Haupterklärung scheint mir vielmehr in der Beschaffenheit des Untergrundes, auf dem die beiden Stationen errichtet sind, zu liegen. Die Betrachtung der geologischen Karte lehrt, daß die Nuthestation sich sehr nahe an dem von moorigem Boden angefüllten tiefsten Teile des Nuthetales befindet. Die auf der Karte eingetragene Grenze zwischen Talsand und Moorboden verläuft etwa nur 100 m von der Station entfernt. Bei Spandau beträgt diese Entfernung von dem den Spreelauf begleitenden Streifen Moorland mindestens 800—1000 m. Homén[1]) hat nun gezeigt, daß die Wärmeleitungsfähigkeit der Sümpfe und Moore viel schwächer ist, als z. B. die des Sandes und der Lehmerde. Aus diesem Grunde ist die während des Tages aufgenommene und die in der Nacht zum Ersatz zur Verfügung stehende Wärme hier geringer als auf trocknen Stellen. So erklärt es sich, daß moorige Gebiete häufig direkt Frostherde sind. Nach Schubert[2]) ist der tägliche Wärmeaustausch im Moorboden nur halb so groß wie im Sandboden.

Wenden wir dies auf „Nuthe" und Spandau an, so sehen wir, daß „Nuthe" unter dem Einfluß des nahen Moorbodens mit der geringeren Wärmekapazität steht, Spandau dagegen die thermische Wirkung des Sandbodens repräsentiert. Die früher erwähnten höheren Maxima der Frühlings- und Sommermonate in Spandau werden nach diesen Überlegungen ebenfalls verständlich.

In anderer Hinsicht ist jedoch die Nuthestation, besonders im Vergleich zu Heinersdorf, durch den schon häufig nachgewiesenen Einfluß benachbarter Seeflächen gegen allzu große Frost-

---

[1]) Th. Homén, Bodenphysikalische und Meteorologische Beobachtungen mit besonderer Berücksichtigung des Nachtfrostphänomens. Berlin 1894. 8.
[2]) J. Schubert, Der Wärmeaustausch im festen Erdboden, in Gewässern und in der Atmosphäre. Berlin 1904. 8.

gefahr geschützt. Außer durch die naheliegenden Havelseen wird die Feuchtigkeit des Nuthetales durch die Nuthe selbst und einige noch von dem früheren unregulierten Flußlaufe herrührenden offenen Wasserstellen, dem ziemlich hoch liegenden Grundwasserspiegel und den zeitweilig überschwemmten Wiesen erhöht. Bei sinkender Temperatur gibt diese vermehrte Feuchtigkeit einerseits zur frühzeitigen Bildung von Nebel Veranlassung, welcher der Ausstrahlung entgegenwirkt, anderseits wird der Taupunkt eher erreicht, bevor die Abkühlung bis unter den Gefrierpunkt vorgeschritten ist. So erklärt es sich z. B., daß die Erscheinung der Maifröste sich über das ganze nördliche und östliche Europa ausdehnt, dagegen in den dem Meere naheliegenden Ländern bedeutend seltener auftritt[1]). Für das preußische Stationsnetz konnte Schwalbe nachweisen, daß die küstennahen Orte wie Memel und Königsberg etwa dieselbe Anzahl von Frosttagen haben, wie die weit südlicher gelegenen Stationen Schlesiens[2]). Wenn trotzdem die „Nuthe" sich vor allen anderen behandelten Stationen durch häufigere Nachtfröste auszeichnet, so dürfte dies seine Veranlassung außer in der Tallage nur noch in der Beschaffenheit des Untergrundes haben, die derartig ausgeprägt sein muß, daß der frostmindernde Einfluß der benachbarten Wasserflächen nicht mehr zum Ausdruck gelangen kann.

Nachdem die Erklärung der verschiedenen Anzahl der Frosttage längere Ausführungen nötig machte, sind noch die Sommertage in ihrer Häufigkeit zu besprechen. Die folgende Tabelle gibt die Beträge für die Jahressummen der einzelnen Stationen an:

Heinersdorf 40
Spandau 34
Nuthe 34
Wiese 32

Daß Heinersdorf das Maximum aufweist, erscheint bei den hohen Mittagstemperaturen nicht verwunderlich. Auch die ziemlich gleichen Verhältnisse auf Spandau und „Nuthe" erklären sich trotz der ungleichen Hüttenaufstellung nach den vorhergegangenen Ausführungen zwanglos. Wenn „Wiese" die geringste Anzahl der Sommertage zeigt, so ist dies einmal der Einfluß der erhöhten Lage, läßt aber anderseits den Schluß zu, daß die auf größeren Waldlichtungen festgestellte Erhöhung der Maxima im vorliegenden Falle nicht allzu stark vorhanden sein kann.

Bestimmte Witterungsperioden.

DIE DAUER DER FROSTFREIEN ZEIT. Eine wichtige Ergänzung zu den Angaben über die Häufigkeit der Tage mit Frost bildet die Feststellung der Zeitdauer, während welcher Frost überhaupt nicht auftritt. Die Bedeutung derartiger Werte verdient jedoch ganz besondere Einschränkung. Unbedingte Voraussetzung für die Vergleichbarkeit mehrerer Stationen ist die strenge Gleichzeitigkeit des Zeitraumes, für den die Mittelwerte berechnet sind, da einzelne Jahre sie stark verändern können. Diese Bedingung ist von den vier hier betrachteten Stationen erfüllt; wenn sie trotzdem noch große Unterschiede zeigen, so beweist dies eben, daß den Angaben über frostfreie Zeit sehr stark lokale Eigentümlichkeiten anhaften, und sie für die Darstellung ihrer regionalen Verteilung nur in ganz großen Zügen geeignet sind.

---

[1]) Assmann, Die Nachtfröste des Monat Mai, S. 8. Halle 1885.
[2]) Schwalbe, a. a. O., S. 162.

Mittlere Dauer der frostfreien Zeit 1894—1908.

Nuthe	152	Tage
Spandau	170	»
Heinersdorf	179	»
Wiese	185	»

Am weitesten entfernt stehen in dieser Reihe die beiden benachbarten Stationen „Nuthe" und „Wiese". Auf der Hügelstation ist die frostfreie Zeit um mehr als einen Monat länger als auf der Talstation. Diese Differenz ist in den einzelnen Jahren sehr verschieden und kann den mittleren Betrag weit überschreiten. In dem vorliegenden Zeitraum schwankt sie zwischen 6 Tagen (1903) und 84 Tagen (1894).

Die beiden Stationen Spandau und Heinersdorf schieben sich mit ihren Frostgrenzen zwischen die Hügel- und Talstation ein. Von ihnen trägt natürlich Spandau den Typus der Talstation mit der geringeren Anzahl der frostfreien Tage. Bedeutend ist dieser Unterschied im Mittel nicht und kann in den Einzeljahren sogar im umgekehrten Sinne auftreten.

W. Knoche hat für eine Reihe preußischer Stationen nach den Beobachtungen des 10jährigen Zeitraumes 1890/99 die mittlere Dauer der frostfreien Zeit bestimmt und diese kartographisch dargestellt[1]). Wie der Verfasser bereits selbst hervorhebt, soll es sich nur um eine „allgemein informierende Skizze" handeln. Einzelheiten, die durch das Terrain hervorgerufen wurden, konnten nicht berücksichtigt werden. Die Linien, die die Gebiete mit gleicher Frostdauer umschließen, wurden in einem Intervall von 20 Tagen gezogen. Wie weit der Verfasser zur Verallgemeinerung gezwungen war, läßt die Tatsache erkennen, daß auf eine Entfernung von noch nicht $1^1/_2$ km Unterschiede von mehr als einem Monat auftreten können. Nach der kartographischen Darstellung Knoches liegt die Station Potsdam an der Grenze eines Gebietes, das eine frostfreie Zeit von weniger als 180 Tagen hat und sich über den Baltischen Höhenrücken weit nach Nord- und Ostsee hin erstreckt.

Zur Ergänzung dieser Angaben lasse ich schließlich noch die Daten für die mittlere Eintrittszeit und den absolut letzten und ersten Frost folgen. Sie zeigen besonders deutlich, welch eigenartige Stellung die „Nuthe" unter den übrigen Stationen einnimmt.

Mittlere Eintrittszeit des letzten und ersten Frostes 1894—1908.

	letzter Frost	erster Frost
Wiese	18. April	21. Oktober
Nuthe	3. Mai	3. Oktober
Spandau	29. April	17. Oktober
Heinersdorf	23. April	20. Oktober

Absolut letzter und erster Frost 1894—1908.

	letzter Frost	erster Frost
Wiese	16. Mai 1900	3. Oktober 1902
Nuthe	21. Mai 1904	13. September 1904
Spandau	16. Mai 1900	19. September 1904
Heinersdorf	11. Mai 1900	27. September 1898

---

[1]) W. Knoche, Die Zeitdauer zwischen dem letzten und ersten Frosttage in Preußen. (Mit einer Karte.) Das Wetter XXIII, S. 217—221.

Anzahl und Dauer gewisser Temperaturperioden. Die einzelnen Perioden wurden folgendermaßen definiert:

Kälteperioden = Maximum unter 0⁰
Frostperioden = Minimum unter 0⁰
Wärmeperioden = Maximum über 20⁰
Hitzeperioden = Maximum mindestens 25⁰.

Erstreckte sich eine Periode über mehrere Monate oder von einem Monat zum anderen, so wurde sie dem Monat zugezählt, auf den der größere Teil der Periode fiel. War die Anzahl der Tage gleich, so gaben die Größe der Temperaturen den Ausschlag. Die gewöhnlich angewandte Rechenprobe: Anzahl der Perioden × mittlere Dauer der Periode = Mittlere Anzahl der betreffenden Tage stimmt demnach bei dieser Art der Auszählung nicht.

Anzahl und Dauer gewisser Temperaturperioden 1894—1908.

	Frostperioden				Kälteperioden			
	Anzahl		Dauer		Anzahl		Dauer	
	Wiese	Nuthe	Wiese	Nuthe	Wiese	Nuthe	Wiese	Nuthe
September. . .	—	0.5	—	1 6	—	—	—	—
Oktober . . .	1.5	2.9	2,1	2.2	—	—	—	—
November . .	3.6	4.2	3.5	3.6	0.7	0.6	2.1	1.9
Dezember . . .	3.4	3.8	6.1	4.9	1.5	1 8	5.1	4.0
Januar. . . .	2.7	2 9	6.7	7.2	2.1	2.1	4.2	3.4
Februar . . .	2.6	2.9	8.5	6.9	1.9	1.9	3.4	3.5
März	3.9	5.0	3.8	3.4	0.5	0 3	1.6	1.8
April	2.4	3.9	1.8	1.6	—	—	—	—
Mai	0.2	1.1	1.0	1.1	—	—	—	—

	Wärmeperioden				Hitzeperioden			
	Anzahl		Dauer		Anzahl		Dauer	
	Wiese	Nuthe	Wiese	Nuthe	Wiese	Nuthe	Wiese	Nuthe
März	0.3	0.3	2 0	2.5	—	—	—	—
April	1,1	1 0	1.7	1.9	0.2	0.2	1.3	1.0
Mai	3.6	3.2	3.0	3.2	1.6	1.7	2.1	2,1
Juni.	4.0	3.7	5.2	5.8	3.0	2.9	2.8	2.9
Juli	3.1	2.9	7.8	8.1	4 0	4.0	2.5	2,8
August. . . .	4.3	3.9	4.5	5.5	2.6	2.8	2.6	2.5
September. . .	2.7	2.7	3.7	3.7	1.3	1.1	2.3	2.4
Oktober . . .	1.1	0.9	2.3	2.5	0.2	0.2	1.0	1.0
November. . .	—	0.1	—	1 0	—	—	—	—

Kälteperioden sind sehr selten. Am häufigsten treten sie noch im Januar auf, wo im Mittel etwa zwei zur Ausbildung kommen. Zwischen „Wiese" und „Nuthe" ist, was die Anzahl anbetrifft, kein wesentlicher Unterschied zu bemerken. Dagegen sind die Unterschiede in der Dauer charakteristisch. Die längsten Kälteperioden zeigt natürlich der Januar. Sie währen in diesem Monat auf „Wiese" etwa 4, auf „Nuthe" aber nur 3 Tage. In den ausgesprochenen Kälteperioden steigt das Thermometer auf „Wiese" nachmittags weniger häufig über den Gefrierpunkt als auf der Talstation. In den beiden Frühlingsmonaten zeigt dagegen die „Nuthe" einen geringen Überschuß, der von den hier dann noch stärkeren Bodenfrösten herrühren dürfte.

Größer sind die Unterschiede bei den Frostperioden. In ihrer Anzahl zeigt das Tal in allen Monaten das Übergewicht. In den eigentlichen Wintermonaten ist die Differenz geringer, in den Übergangsmonaten natürlich größer. Die Dauer der Perioden zeigt dagegen keine allzu bestimmten Unterschiede. Neigung für kürzere Perioden scheint entschieden die „Nuthe" zu haben. (Die Mängel der Auszählungsart treten übrigens gerade hier sehr stark hervor.)

Die geringen Unterschiede in der Anzahl der Wärmeperioden lassen die „Wiese" begünstigter erscheinen, aufgehoben wird dieser Vorteil aber durch die Länge, worin die Nuthestation die größeren Werte hat. Dieses Plus ist in sämtlichen Monaten vorhanden.

Die Hitzeperioden zeigen gar keine gesetzmäßige Abweichung.

Das Ergebnis dieser Vergleichung besteht darin, daß die Lage der beiden Stationen in den Zahlen der Häufigkeit und Dauer gewisser Temperaturperioden wohl zum Ausdruck kommt, daß aber die Unterschiede dermaßen gering sind, daß sie für Betrachtungen über die regionale Verteilung nicht mehr in Frage kommen.

Häufigkeit der Temperaturperioden von bestimmter Dauer.

(Summen des Zeitraumes 1894—1908) (**Wiese** Nuthe.)

Monat	X	XI	XII	I	II	III	IV
Kälteperioden							
mindestens 5 Tage	—	**1**	**9**	**11**	**5**	—	—
	—	—	8	8	5	—	—
» 10 »	—	—	**3**	**3**	**2**	—	—
	—	—	1	1	2	—	—
» 15 »	—	—	—	—	**1**	—	—
	—	—	—	—	1	—	—
» 20 »	—	—	—	—	—	—	—
	—	—	—	—	—	—	—
Frostperioden							
mindestens 5 Tage	**1**	**13**	**17**	**22**	**16**	**16**	**1**
	3	14	15	20	18	14	—
» 10 »	—	**3**	**8**	**13**	**11**	**6**	—
	—	5	7	12	9	5	—
» 15 »	—	**1**	**5**	**7**	**7**	**1**	—
	—	1	5	7	5	—	—
» 20 »	—	—	**2**	**1**	**4**	—	—
	—	—	2	2	3	—	—

Monat	IV	V	VI	VII	VIII	IX	X
Wärmeperioden							
mindestens 5 Tage	—	**11**	**27**	**20**	**27**	**10**	**1**
	1	11	28	22	27	12	1
» 10 »	—	**2**	**4**	**12**	**4**	**1**	—
	—	1	4	13	7	1	—
» 15 »	—	—	**3**	**9**	**1**	—	—
	—	—	3	9	4	—	—
» 20 »	—	—	**1**	**4**	—	—	—
	—	—	1	4	2	—	—
Hitzeperioden							
mindestens 5 Tage	—	**1**	**6**	**6**	**6**	**3**	—
	—	—	7	8	8	3	—
» 10 »	—	—	—	—	—	—	—

Dasselbe ergibt sich aus der vorstehenden Tabelle, die die Temperaturperioden nach bestimmter Dauer ausgezählt, wiedergibt. Unterschiede sind nur in den kürzeren Perioden bis zu 5 Tagen vorhanden. Bei den Kälte- und Frostperioden hat „Nuthe" hier die geringeren Beträge, während bei den Wärmeperioden sich das Verhältnis umkehrt. Nur die kürzeren und nicht so ausgesprochenen Temperaturperioden lassen Unterschiede aufkommen, die längeren und intensiveren treten dagegen an beiden Stationen in etwa gleicher Häufigkeit auf. Praktisch haben aber auch hier die Unterschiede keine Bedeutung.

Spät- und Frühfröste auf der Nuthestation.

Bei der Feststellung der Nachtfröste muß man sich darauf beschränken, sie nach den Ablesungen des Hüttenminimum-Thermometers zu bestimmen. Für die praktischen Zwecke der Landwirtschaft würden daneben aber auch noch alle die Fälle interessieren, bei welchen die unter 0^0 abgekühlte Schicht nicht bis zu den etwa 2 m hoch aufgestellten Thermometern reicht. Die Angaben eines auf dem Boden liegenden Minimums oder auch Beobachtungen über Reif könnten über das Auftreten dieser Bodenfröste genügend Aufschluß geben. Da derlei Aufzeichnungen für „Nuthe" aber nicht vorliegen, mußte ich mich mit den Hüttenablesungen begnügen.

Um jedoch angenähert die Größenordnung der in Frage kommenden Differenz bestimmen zu können, wurde festgestellt, wieviel mal auf „Wiese" im Monat Mai noch Reif beobachtet wurde. Die Annahme, daß diese Aufzeichnungen ziemlich der Wirklichkeit entsprechen, dürfte sehr gerechtfertigt sein, da in diesem Monat Reif als auffallende Erscheinung nicht übersehen wird. Auch wenn er am Morgentermin bei höherem Sonnenstande bereits wieder verschwunden ist, wird er dem ständigen Nachtbeobachter doch nicht entgangen sein. Das Ergebnis ist: Den drei auf Grund der Extremthermometer in 2 m Höhe festgestellten Frosttagen stehen in dem betrachteten Zeitraum 23 Tage, also rund die achtfache Anzahl, mit Reif gegenüber. Die Anzahl der Frosttage auf „Nuthe" würde sich demnach noch beträchtlich vermehren, wenn die Temperatur am Boden selbst bestimmt würde. Sogar im Juni wird Reif hier hin und wieder auftreten können, denn die absoluten Minima waren 1895 1.1^0 und 1896 1.5^0. Unterschiede von 2^0 in klaren Nächten in den bodennahen Schichten sind bekanntlich nichts seltenes[1]). Daß aber dann auch noch ein stärkerer Frost, der das Minimum in der Hütte unter 0^0 heruntergehen läßt, auftreten kann, zeigt der 21. Juni 1910, an dem das Minimum zum ersten Male seit Bestehen der Station in diesem Monat mit $—0.1^0$ unter 0^0 sank. Reif scheint in jener Nacht im ganzen östlichen Deutschland aufgetreten zu sein, doch zeigten sonst die Hüttenthermometer keinen Frost an.

Ähnliches gilt für den September. Obwohl für diesen Monat die Hüttenextreme auf Wiese noch keinen Frosttag ergaben, wurde doch im ganzen 8 mal Reif notiert.

Mit der Frage der Frühfröste werden die so häufig erörterten Kälterückfälle im Mai berührt, wobei es natürlich weit über den Rahmen der Arbeit hinausgehen würde, die verschiedenen Entwicklungsphasen unserer Kenntnis von ihrer Entstehung hier zu besprechen. Ich

---

[1]) s. z. B. Hann, Handbuch der Klimatologie, III. Aufl., I, S. 16.

werde mich vielmehr größtenteils darauf beschränken, einen Vergleich zwischen den Wetterlagen zu ziehen, bei denen die Spät- und Frühfröste auftreten.

In Anbetracht des früher so sehr umstrittenen regelmäßigen Auftretens der „Eismänner", teile ich auch hier die Verteilung der 18 Frostfälle über den Monat Mai mit:

1.—5.	6.—10.	11.—15.	16.—20.	21.—25. Mai
8	2	4	3	1

Die schon mehrfach bewiesene unregelmäßige Verteilung, die einen Kälterückfall im mittleren langjährigen Temperaturgang verhindert, zeigt sich deutlich in der Periode 1894—1908.

Am ausgeprägtesten tritt die Erscheinung der Nachtfröste in den nordischen Ländern — Norwegen, Schweden, Finnland — auf. Da sie sich hier weit in den Sommer hinein erstrecken und dem Pflanzenwuchs häufig empfindlichen Schaden zufügen, sind sie schon mehrfach Gegenstand eingehender Untersuchungen gewesen. Hierbei gelang es Hamberg festzustellen, daß die Sommernachtfröste vorzugsweise teils auf der westlichen Seite der Barometerminima, und zwar oft bei recht niedrigem Luftdruck, teils in der Barometermaxima oder an der Grenze zwischen zwei Barometerminima eintreten. Meist ruhiges Wetter mit schwachem Wind und ungewöhnlicher Durchsichtigkeit der Luft erleichtern dann die Ausstrahlung vom Boden und bringen so den Frost hervor[1]).

Mit Hilfe der täglichen Wetterkarten der Deutschen Seewarte stellte ich nunmehr auch die Wetterlagen fest, die in jenen Nächten herrschten, in denen auf der Nuthestation Nachtfrost (Hüttenminimum unter 0°) auftrat. Als Spätfröste wurden die des Mai, als Frühfröste die des September angesehen. Maßgebend für die Wetterlage war meist die Morgenkarte, doch mußte zuweilen auch die zwischen der vorhergehenden Abendkarte und der Morgenkarte vor sich gegangene Änderung mit berücksichtigt werden.

Hierbei stellte sich ein ganz entschiedener Unterschied zwischen den Spät- und Frühfrösten heraus. Die Spätfröste treten sowohl bei antizyklonaler als auch bei zyklonaler Wetterlage auf. Letztere hat hierbei entschieden das Übergewicht, denn von den behandelten 18 Fällen traten nur 6 bei ausgesprochen antizyklonaler Wetterlage auf. Von den übrigen Fällen lag die Station bei 2 auf der Grenze zwischen zwei Depressionen, bei 7 lag sie auf der Süd-, Südwest- oder Rückseite der Depression, während der Rest bei einer Lage in den anderen Quadranten auftrat.

Diese Mitwirkung einer Zyklone fand auch Hennig bei seiner Untersuchung über die Wetterlage bei den Kälterückfällen des Mai[2]). Aus dem sich bis 1879 zurückerstreckenden Materiale gelingt es dem Verfasser nachzuweisen, daß an dem Zustandekommen der Nachtfröste sowohl Zyklonen als auch Antizyklonen beteiligt sind. Böige Nordwestwinde, Graupel und Hagelschauer führen eine allgemeine Abkühlung herbei. Frost und Reifbildungen können während dieser ersten Epoche schon auftreten, stellen sich aber doch erst meist nach Vorübergang der Depression unter dem Einfluß der nachrückenden Antizyklone ein.

---

[1]) Hamberg, Om nattfrosterna i Sverige 1871—73. Uppsala universitets årsskrift 1874. — La température et l'humidité de l'air à différentes hauteur. Nova acta reg. soc. sc. Ups. Ser. III. 1876. s. Zitat. Die Sommernachtfröste in Schweden 1871—1900. Kunigl. Svenska Vetenskaps. Akademiens Handlingar 38, 1, S. 5.

[2]) R. Hennig, Untersuchungen über die »kalten Tage« des Mai. Das Wetter XV, 1898.

Die Septemberfröste sind dagegen fast ausschließlich an antizyklonale Witterung gebunden. Von den vorliegenden 13 Fällen trifft dies bei 11 zu. Bei den anderen, die nicht unter dem Einfluß antizyklonaler Wetterlage auftraten, lag die Station am Südrande einer Depression.

In der verschiedenen Wetterlage drücken sich offenbar die verschiedenen Jahreszeiten aus. Antizyklonale Wetterlage ist besonders im September häufig und damit auch die Möglichkeit, daß bei ihr Frost auftreten kann. Im Frühjahr ist dagegen noch mehr gemischter Wettertypus vorherrschend. Wie bekannt, sind diese Nachtfröste ein Ausstrahlungsphänomen und sind dabei an heiteren Himmel mit möglichst geringer Luftbewegung gebunden. Die Erfahrung hat gelehrt, daß auch Tage mit zyklonaler Witterung und lebhaften Winden doch von heiteren und ruhigen Nächten gefolgt werden, die der Ausbildung der Nachtfröste günstig sind.

Der äußerst späte Frost am 21. Juni 1910 gehört seiner Wetterlage nach entschieden dem antizyklonalen Typus an.

Die nächtlichen Temperaturstörungen im Nuthe-Tal.

Der regelmäßige Temperaturverlauf während der Nachtzeit wird an der Nuthestation häufig in so auffallender Weise durch Störungen unterbrochen, daß es sich wohl verlohnt, diesen eingehendere Ausführungen zu widmen.

Die in den zur Untersuchung herausgegriffenen 10 Jahrgängen 1899—1908 aufgetretenen Störungen wurden zunächst mit den Aufzeichnungen der Turm- und der Wiesenstation verglichen, um festzustellen, ob es sich bei ihnen nur um eine Bodenerscheinung handelt oder ob sie gleichzeitig auch in höheren Schichten auftreten. Um Wiederholungen zu vermeiden, kann hier gleich betont werden, daß in den weitaus meisten Fällen „Turm" und „Wiese" nichts Auffallendes, was mit „Nuthe" in Beziehung hätte gesetzt werden können, in ihren Kurven zeigten. Daß in einigen wenigen Fällen aber auch ein gewisser Zusammenhang bestehen kann, wird in den weiteren Ausführungen erwähnt und auch erklärt werden.

Zur Bearbeitung der Störungen wurden ferner noch die am Observatorium angestellten Witterungsbeobachtungen, die zweistündigen Wolkenschätzungen und die Aufzeichnungen des mechanisch registrierenden Windapparates verwandt.

Die Störungen selbst lassen sich ungezwungen in mehrere ziemlich scharf von einander getrennte Typen scheiden, Fig. 2.

Typus I: Das Wesentliche bei diesem Typus ist ein steiler, meist plötzlich einsetzender Temperaturanstieg. Je nachdem wie der Verlauf der Temperatur sich nach dem Anstieg weiter verhält, entstehen auch mehrere speziellere Fälle dieses Typus. Der erste zeigt nach dem Anstieg einen gleichmäßigen Verlauf der Temperatur. Die Registrierung weist also eine Stufe im nächtlichen Temperaturgang auf (25./26. März 1899). Fällt jedoch nach dem Anstieg die Temperatur bald wieder, so entsteht als zweiter Spezialfall eine „positive" Zacke (4./5. August 1901). Drittens kann schließlich die Temperaturerhöhung längere Zeit, bis zu mehreren Stunden, andauern, dann aber auch wie beim Anstieg schnell fallen. Ein Beispiel bietet der 14./15. August 1904.

Typus II könnte man vielleicht als den dem Typ I entgegengesetzten bezeichnen. Er besteht in plötzlichen Abkühlungen, die nur kurze Zeit andauern, aber trotzdem deutlich aus dem normalen Verlauf der Kurve herausfallen.

Typus III zeigt ein unregelmäßiges Auf- und Abschwanken der Kurve.

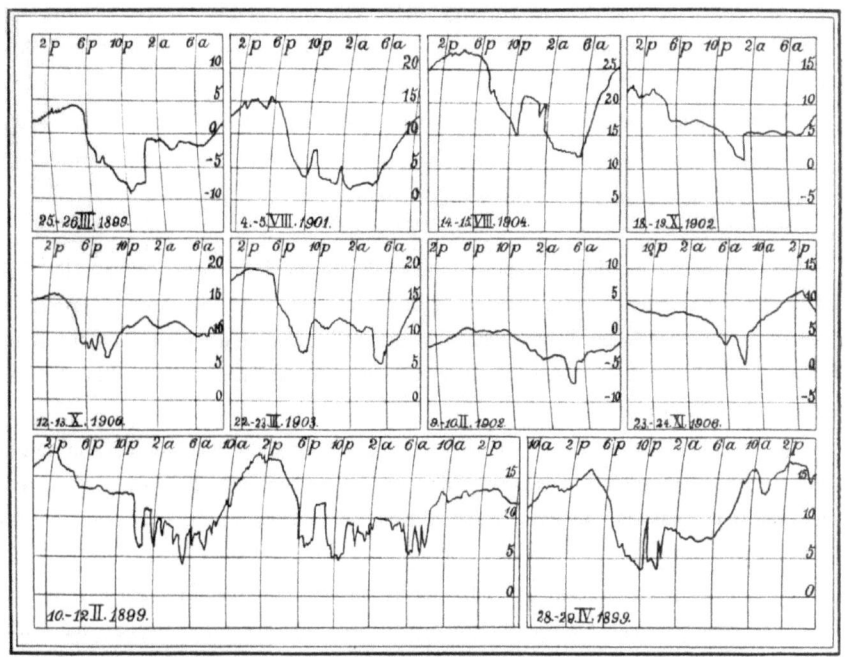

Fig. 2. Typen nächtlicher Temperaturstörungen an der Nuthestation.

I. Typus. Plötzlicher Temperaturanstieg.

Diese Störungsart tritt ziemlich gleichmäßig verteilt in den Jahreszeiten Frühling, Sommer und Herbst auf, während auf den Winter weniger als 10 % der Gesamtzahl entfallen. Unter den Tagesstunden sind die eigentlichen Nachtstunden 9^p-4^a besonders bevorzugt. Mehr als 80 % traten in dieser Zeit auf. Am häufigsten sind sie zwischen 10 und 11^h abends. Von den wenigen Fällen, die auf die Übergangsstunden entfallen, ist der früheste der Temperaturanstieg um 5^{30p} am 13. Oktober 1910, während die spätesten in die Stunde zwischen 7 und 8^a fielen.

Die Größe des Anstiegs unterliegt natürlich bedeutenden Schwankungen. Im Mittel beträgt sie 3.5⁰, im Maximum 6.6⁰ (26. März 1899).

Ebenso verschieden kann seine Dauer sein. In einzelnen Fällen kann er so plötzlich vor sich gehen, daß die Dauer sich bei langsamer, siebentägiger Umlaufzeit kaum aus der Registrierung ablesen läßt, andererseits kann er bis zu einer Stunde anhalten. Ein Anstieg von 5⁰ in der Stunde macht sich jedoch in dem nächtlichen Temperaturgang, zumal wenn der normale Gang entgegengesetzt ist, recht deutlich bemerkbar.

Um die Natur dieser Störung erklären zu können, war zunächst die vertikale Temperaturverteilung, die zur Zeit ihres Auftretens herrschte, festzustellen. Als Vergleichsstation wurde die Turmstation des Observatoriums herangezogen. Die in mittlerer Höhe liegende Wiesenstation wurde ihrer lokal beeinflußten Temperaturen wegen nicht berücksichtigt. Bestimmt wurde die dem Anstiege möglichst unmittelbar vorhergehende Temperaturverteilung. Meist genügte es hierbei, die Werte zu der vorhergehenden vollen Stunde den Kurven zu entnehmen, bei schneller Temperaturänderung mußte jedoch der Wert unmittelbar vor Eintritt der Störung genommen werden.

Die Beziehungen, die sich bei dieser Zusammenstellung zwischen der vertikalen Temperaturverteilung und der Größe des Anstieges ergaben, sind der folgenden Tabelle zu entnehmen:

Temperatur-Differenz Turm—Nuthe	über 6^0	$5.1-6.0^0$	$4.1-5.0^0$	$3.1-4.0^0$	$2.1-3.0^0$	unter 2.1^0
Größe des Anstiegs	4.4^0	4.0^0	3.6^0	3.3^0	3.0^0	2.3^0

Bei sämtlichen plötzlichen Temperaturanstiegen bestand Inversion mit der Höhe. Im Mittel beträgt die Differenz „Turm" minus „Nuthe" 4.3^0. Die Größe des Anstiegs erreicht bei den stärkeren Inversionen im allgemeinen nicht den vollen Betrag derselben. Ist der Temperaturunterschied aber geringer als $3-4^0$, dann übersteigt die Größe des Anstiegs die der Inversion um einen geringen Betrag.

In den Einzelfällen können natürlich auch hier wieder die Verhältnisse sich gänzlich anders gestalten. Der größten Temperaturdifferenz T.—N. von 9.9^0 entsprach z. B. nur ein Anstieg von 3.3^0, während in einem anderen Falle ein Anstieg von 3.2^0 bei einer Inversion von 1.6^0 auftrat.

Da es nicht ausgeschlossen erschien, daß irgend eine Jahreszeit in bezug auf die Größe der Inversion und als Folge hiervon auch bezüglich der Amplituden der Anstiege vor den anderen bevorzugt sein könnte, wurden die Differenzen und die zugehörigen Anstiege nach Jahreszeiten geordnet zusammengestellt.

	T.—N.	Größe des Anstiegs
Winter	3.9^0	3.5^0
Frühling	4.1	3.5
Sommer	4.4	3.4
Herbst	4.5	3.5
Jahr	4.2	3.5

Die eingeschaltete Tabelle zeigt, daß wenn auch die Größe der Inversionen einen nur gering ausgeprägten jährlichen Gang zeigt, das Mittel der Temperaturanstiege doch in allen Jahreszeiten direkt als gleich anzusehen ist. Es ist also keine Jahreszeit durch besonders deutliche Anstiege ausgezeichnet, so daß zwischen dem vertikalen Gradienten und der Größe des Temperaturanstiegs nur die oben angedeuteten einfachen Beziehungen bestehen.

Als Ergänzung dieser statistischen Angaben sollen schließlich noch die Stundenwerte von drei gestörten Nachtkurven dienen.

Sie zeigen deutlich, daß es sich nicht um einen Einbruch warmer Luft handeln **kann**, der beide Stationen gleichmäßig betrifft, sondern daß eine plötzliche Änderung der **vertikalen** Temperaturverteilung vor sich geht.

		8^p	9^p	10^p	11^p	12^p	1^a	2^a	3^a	4^a	5^a	6^a	7^a
1. 18.—19. Okt. 1902	T.—N.	—	-0,3	0,3	0,6	3,4	4,8	0,4	0,1	0,2	0,1	0,1	0,7
	W.—N.	—	-0,6	-0,8	-0,7	2,0	3,1	-0,4	-0,9	-0,6	-0,3	-0,3	0,2
2. 12.—13. Okt. 1906	T.—N.	0,7	3,2	-0,4	-0,5	-0,1	-0,6	0,5	-0,4	-0,4	0,1	0,3	-0,1
	W.—N.	-0,1	2,1	-1,7	-0,5	-0,4	-1,0	-0,7	-0,9	-1,2	-0,5	-0,8	-1,3
3. 22.—23. März 1903	T.—N.	6,3	7,5	1,3	0,9	1,2	0,3	0,3	0,9	0,4	4,1	2,5	0,0
	W.—N.	2,9	4,5	-1,5	-0,8	-1,5	-2,0	-1,8	-1,7	-1,2	1,9	0,9	-1,1

Beim 1. Fall wird die vorher bestehende Inversion von etwa 5^0 nahezu vollständig aufgehoben. Beim 2. Fall wird die Differenz T.—N. sogar negativ, d. h. die Temperatur an der Talstation ist höher als die der Turmstation, es besteht also normale Temperaturabnahme mit der Höhe. Das 3. Beispiel wurde daher gewählt, weil es zunächst zwischen 9 und 10^p einen Temperaturanstieg, dann aber zwischen 4 und 5^a einen Temperaturabstieg zeigt. Die Differenz T.—N., die vorher den sehr beträchtlichen Wert 7.5^0 erreicht hat, wird von 10^p bis 4^a gering um dann wieder zu steigen.

Eine eigenartige Stellung nimmt auch hier wieder die Wiesenstation ein. Sobald die Erwärmung auf „Nuthe" eingetreten ist, wird die Differenz W.—N. negativ, ein Zeichen, daß sich auf „Wiese" besonders kalte Luftmassen vorfinden, die scheinbar die zwischen „Nuthe" und „Turm" bestehende vertikale Temperaturverteilung unterbrechen. Daß man in diesem Falle den Wiesentemperaturen nur lokale Bedeutung zusprechen darf, wurde auch bereits in den früheren Ausführungen betont.

Ähnliche Erscheinungen wie diese im vorhergehenden geschilderten Temperaturstörungen sind in der Literatur bereits mehrfach beschrieben und erklärt worden. So wurden die in den Wiener Thermogrammen vorkommenden Stufen von Margules[1]) bearbeitet. Diese Untersuchung konnte dadurch weiter ausgedehnt werden, daß noch die Registrierungen von Krems und Preßburg herangezogen wurden, und auf diese Weise Studien über das Fortschreiten der Temperaturstufen angestellt werden konnten. Mit Hilfe höher gelegener Stationen wurde zunächst nachgewiesen, daß bei sämtlichen Stufen vorher vertikale Temperaturumkehr bestand. Margules erklärt dies für das wichtigste Merkmal aller Fälle. Im übrigen treten natürlich große Abweichungen auf. Meist weht beim Entstehen der Stufen Westwind, doch ließ sich eine Beziehung zur Geschwindigkeit des Windes nicht feststellen. Sie treten bei Tag und bei Nacht auf, bei trübem und heiterem Wetter. Nach Kälteperioden tritt zuweilen ein Umschlag zu warmem Wetter ein. Die Stufen selbst betrugen $3-5^0$, doch kommen auch solche bis zu 10^0 vor.

Diese Beschreibung zeigt, daß die Margulesschen Stufen sich von den Nuthestörungen durch ihre größere Intensität und durch den Umstand, daß sie die allgemeine Witterung mehr oder weniger beeinflussen, unterscheiden. Die Übereinstimmung besteht in dem Vorhandensein der Inversion, und da Margules die Erklärung der schnellen Temperaturanstiege hauptsächlich auf diese Tatsache stützt, scheint sie sich meines Erachtens auch auf die vorliegenden Fälle anwenden zu lassen.

---

[1]) M. Margules, Temperaturstufen in Niederösterreich im Winter 1898/99. Jahrbücher d. K. K. Zentralanstalt für Met. und Erdmagn., N. F. XXVI, 1899. Wien 1900. Auszug: Met. Zeitschr. 1903, 183—186.

In der besprochenen Untersuchung hatte Margules bereits auf Grund der Helmholtzschen Anschauungen die Meinung ausgesprochen, daß die kalte Luft am Erdboden durch die lebhaft bewegte obere Schicht aufgesaugt würde. Wie dieser Vorgang im einzelnen zu denken ist, zeigt derselbe Verfasser in einer späteren Arbeit, in der er die Temperaturschichtung theoretisch untersucht[1]). „Ein warmer Luftstrom fließt wenige Hektometer über dem Boden, eine Unstetigkeitsfläche oder ein Band raschen Überganges trennt ihn von der darunter liegenden kalten Masse. Die obere Strömung, an der Grenze absolut wärmer, in der ganzen Masse potentiell wärmer, hat eine größere vertikale Erstreckung als die kalte Schicht und größere Geschwindigkeit. Sie saugt die kalte Luft allmählich auf, kommt dem Boden näher, erreicht ihn. Zu dieser Zeit verzeichnet der Anemograph Beginn stärkeren Windes nach Kalme oder mit Richtungswechsel, der Thermograph den steilen Temperaturanstieg. Die Stufe zeigt demnach nicht die Erwärmung einer Luftmasse an, sondern die Wegschaffung des letzten Restes der kalten Schicht an jenem Ort."

Diese Erklärung läßt sich offenbar auch zwanglos auf die Nuthestörungen anwenden, die nur eine Wiederholung der Margulesschen Temperaturstufen im kleinen Maßstabe sind. In der Ansammlung kalter Luftschichten in dem Tale und schließlich Aufsaugung derselben durch einen wärmeren Luftstrom in der Höhe wird auch hier der Vorgang bestehen.

Begünstigt wird die Plötzlichkeit der Erscheinung durch die topographische Lage der Station. Bei den Nuthestörungen sind W- und SW-Winde entschieden vorherrschend. Für sie liegt die Station im Windschatten des schon mehrfach erwähnten Hügelzuges, wodurch hier das Stagnieren kälterer Schichten begünstigt wird. Das Hinwegschaffen des letzten Restes der kalten Luft wird schließlich größtenteils durch rückwärts schreitendes Aufsaugen vor sich gehen[2]).

In einigen wenigen Fällen tritt auf „Turm" gleichzeitig mit dem raschen Temperaturanstieg auf „Nuthe" ebenfalls ein Anstieg auf, der aber stets bedeutend langsamer vor sich geht. Dagegen sind die schnelleren Anstiege an der Wiesenstation denen der „Nuthe" schon ähnlicher, weil auch hier örtliche Abkühlung offenbar begünstigt ist.

Nach Margules soll mit dem Temperaturanstieg gleichzeitig der Anemograph Beginn stärkeren Windes anzeigen. Leider sind auf der Nuthestation keine kontinuierlichen Windaufzeichnungen vorhanden, die über diesen Punkt genauen Aufschluß geben könnten. Es mußte also der Anemograph des Observatoriums herangezogen werden, obgleich man nicht erwarten

---

[1] M. Margules, Über Temperaturschichtung in stationär bewegter und in ruhender Luft. Hann-Band, der Met. Zeitschr., S. 249. 1926.

[2] Das Registriermaterial der Potsdamer Turmstation wurde ebenfalls nach schnellen Temperaturanstiegen, wie sie Margules abgebildet hat, durchgesehen, doch konnte nicht ein einziges Mal ein derartig schneller Temperaturanstieg beim Hereinbrechen warmer Luftmassen festgestellt werden. Bei den hier natürlich auch sehr deutlichen Witterungsumschlägen vergehen doch immerhin noch mehrere Stunden — von mindestens 6 bis zu 29 Stunden wurden festgestellt —, bis die warme Strömung völlig zum Durchbruch kam. Der Grund, warum dagegen an den von Margules benutzten Stationen der Witterungsumschlag sich mit einer so schroffen Stufe gegen den übrigen Temperaturgang absetzt, dürfte m. E. in der Lage der Stationen liegen. Krems, Wien, Preßburg sind im Westen von einem Bergzug überragt, liegen also im Lee, während Potsdam-»Turm« frei in dem norddeutschen Flachland liegt. Ich wage hieraus den vorläufigen Schluß zu ziehen, daß das Herabsinken der warmen Schicht oder die Aufsaugung der kälteren Bodenschicht für gewöhnlich nicht so plötzlich vor sich gehen, sondern nur da, wo die Bodenverhältnisse günstig sind, scheint der letzte Rest mit ziemlicher Plötzlichkeit weggeschafft zu werden. Dies macht es auch erklärlich, daß Margules in dem Fortschreiten der Stufe keine Beziehungen zur Windgeschwindigkeit fand.

Interessant würde es daher sein, diese Untersuchung an von Westen nach Osten angeordneten Stationen des norddeutschen Flachlandes zu wiederholen, nachdem vorher sicher festgestellt ist, daß lokale Störungen, die wie die Nuthestörungen zeigen, selbst durch geringe Höhenunterschiede hervorgerufen werden können, nicht in Frage kommen.

durfte, daß er in allen Fällen beweiskräftig sein konnte. Immerhin zeigten doch 51 Störungen einen direkt nachweisbaren Zusammenhang mit dem Winde. Nur kommt es hierbei weniger auf die Windgeschwindigkeit an, deren Zunahme meist sehr gering sein wird, als auf den Winddruck. Der Verlauf der Druckkurve wird gleichzeitig mit dem Auftreten der Temperaturstufe unruhig, nachdem er vorher nahezu geradlinig ist. Häufig zeigt die Druckkurve auch eine kurze Bö an. In einem Falle fiel ein einziger Windstoß zeitlich mit dem Anstieg auf „Nuthe" zusammen.

Daß sich bei der zweiten Hälfte der Fälle ein Zusammenhang mit dem Winde nicht nachweisen ließ, mag in der Entfernung, besonders in dem vertikalen Unterschiede des Anemometers von der Nuthestation liegen. Wenn der Wind schon stundenlang vorher böigen Charakter zeigt, ohne daß es zur Ausbildung der Temperaturstufe kommt, so kann dies darin begründet sein, daß die obere Luftströmung nur langsam in die Tiefe greift und, begünstigt durch die Bodengestaltung, erst verhältnismäßig spät den letzten Rest der kalten Luft aus dem Tale wegschafft.

Ähnliche Temperaturstörungen hat ferner v. Ficker bei seinen Studien über den Innsbrucker Föhn[1]) feststellen können. Auch hier tritt häufig an besonders günstig gelegenen Stationen vor dem Ausbruch des Föhns eine mehr oder minder schnelle Erwärmung ein, die mit dem Föhn selbst nichts zu tun hat, und von v. Ficker als das Vorstadium des Föhns bezeichnet wird. Der Temperaturanstieg soll dadurch entstehen, daß in den Tälern die kalte Inversionsschicht abfließt und zum Ersatze sich potentiell, oft auch absolut, wärmere Luftschichten aus der Höhe zu Boden niedersenken. Erst nach dem Abfließen dieser kalten Bodenschichten kann es zur Entwicklung des eigentlichen Föhns kommen. Der Margulessche Aufsaugungsprozeß wird nach v. Fickers Meinung dagegen nur ganz lokal an den Ausmündungen der Föhntäler vor sich gehen können.

Daß die Erklärung, den Anstoß zur Erwärmung in den abfließenden Bodenschichten zu erblicken, auch auf die Nuthestörungen angewandt werden könnte, halte ich nicht für möglich, da hier vor allem nicht die Geschlossenheit und das Gefälle der Alpentäler vorhanden ist.

Um die horizontale Ausdehnung der Erscheinung zu studieren, wurde ein Vergleich mit den Registrierungen des Sprungschen Thermobarographen der Station Spandau vorgenommen. Auch hier treten nachts plötzliche Temperaturanstiege auf, die denen der „Nuthe" vollkommen ähneln. Fünf näher untersuchte Fälle aus dem Anfang des Jahres 1910 ergaben nun, daß die Störungen in Spandau nicht gleichzeitig mit denen der „Nuthe" auftreten. Der Grund liegt in den Windverhältnissen. Spandau zeigt die Temperaturstufen bei östlichen, genauer meist ostsüdöstlichen Winden, also bei jener Windrichtung, für die die Station im Windschatten des Hügelrandes liegt, der das Tal abschließt. Die Störungen selbst sind offenbar ganz lokaler Natur.

Am ausgeprägtesten werden die Störungen immer nur an eigentlichen Talstationen auftreten. v. Ficker bemerkt, daß in Igls das Vorstadium des Föhns in nicht so charakteristischer Weise auftritt wie in Mittelwalde, weil ersteres eine Gehängestation ist und nicht so ausge-

---

[1]) H. v. Ficker, Innsbrucker Föhnstudien IV. Weitere Beiträge zur Dynamik des Föhns. Denkschr. der math.-naturw. Kl. der Kais. Akad. d. Wissenschft. LXXXV. Wien 1910.

sprochen innerhalb der eigentlichen Inversionsschicht liegt. Auch unter den preußischen Stationen, deren Registriermaterial ich durchsah, fanden sich nur wenige, die ähnliche Temperaturstufen zeigten.

II. Typus. Plötzliche Abkühlung.

Diese Störungsart ist bei weitem seltener als die erste. In dem untersuchten 10 jährigen Zeitraume sind nur 7 deutlich ausgeprägte Fälle vorhanden.

Nach den Registrierungen verläuft die Temperatur zunächst ziemlich gleichmäßig, fällt dann plötzlich — im Maximum bis zu 5^0 —, bleibt für einige Zeit auf diesem Wert, und erreicht meist in plötzlichem Anstieg dann ihren ersten Wert wieder.

Seiner Entstehung nach könnte man den Typus II als eine Kombination zwischen einer plötzlichen Abkühlung und dem Typ I ansehen. Die schnelle Abkühlung würde dann so zu erklären sein, daß ein momentanes Abflauen des Windes das Stagnieren und als Folge hiervon das schnellere Erkalten der untersten Luftschichten begünstigte, während der nachherige Anstieg in der vorhin geschilderten Weise vor sich gehen könnte. Von diesen Erwägungen ausgehend, habe ich die Windregistrierungen zur Erklärung zu benutzen versucht, aber ohne Erfolg.

Ihrem äußeren Aussehen nach gleichen diese Temperaturstörungen, wenn auch in kleinerem Maßstabe, den von v. Ficker beschriebenen und untersuchten Föhnpausen[1]), die durch seitliches Zuströmen kalter Luft erklärt werden. Daß man diese Erklärung auch auf die Nuthestörungen anwenden könnte, halte ich nicht für ausgeschlossen. Doch ist es vorläufig unmöglich mit dem vorhandenen Material den Beweis zu führen. Höchstwahrscheinlich wird es sich um die Verlagerung von ganz lokal begrenzten, stärker abgekühlten Luftmassen handeln, was aber nur durch weitere Parallelregistrierungen nachgewiesen werden könnte.

Zur besseren Veranschaulichung dieser Störungen lasse ich die stündlichen Differenzen der beiden Fälle vom 10. Februar 1902 und 24. November 1906 folgen:

		9^p	10^p	11^p	12^p	1^a	2^a	3^a	4^a	5^a	6^a	7^a	8^a	9^a	10^a
9.—10. Februar 1902	T.—N.	—0.9	—0.6	—0.5	0.1	0.3	0.4	0.0	0.5	4.1	0.6	—1.0	—	—	—
	W.—N.	—0.3	—0.7	—0.8	—0.8	—0.8	—1.3	—1.5	—2.3	+2.5	—1.1	—1.2	—	—	—
23.—24. November 1906	T.—N.	—0.5	—0.8	—0.5	—0.2	—0.2	—0.2	0.2	0.0	1.1	2.2	0.8	5.2	—1.2	—0.9
	W.—N.	—1.2	—1.7	—2.0	—1.9	—2.0	—1.9	—1.7	—1.8	—1.1	0.1	—1.0	3.8	—1.4	—1.4

Bei dem ersten Fall zeigt die Nutheregistrierung kurz nach 4^a den raschen Temperaturabstieg. Die Differenz T.—N., die vorher sehr gering war, erreicht sprungweise den Wert 4.1^0. Die Abkühlung hält etwa eine halbe Stunde an, worauf die Temperatur wieder plötzlich steigt.

Beim zweiten Fall sinkt die Temperatur nach 7^a, erreicht ihren tiefsten Stand um 8^a und steigt dann sofort mit schroffer Umkehr wieder zu Werten, die die des „Turmes" übersteigen.

III. Typus. Unregelmäßige Temperaturschwankungen.

Die Häufigkeit dieser Störungen ist wiederum größer. Im Mittel treten sie jährlich etwa in 10 Fällen auf. Meist bieten die Schwankungen der Temperaturkurve ein durchaus un-

---

[1]) H. v. Ficker, Innsbrucker Föhnstudien I. Beiträge zur Dynamik des Föhns. Denkschr. der math.-naturw. Kl. der Kais. Akad. der Wissenschft. LXXVIII. Wien 1905.

regelmäßiges Bild und nur in wenigen Fällen lassen sie eine gewisse Regelmäßigkeit erkennen. Sie dürften in mehr oder minder ausgeprägter Deutlichkeit an allen Stationen vorkommen, weshalb sie hier auch nur der Vollständigkeit wegen mit in die Betrachtung einbezogen werden sollen.

Die an der Nuthestation registrierten Schwankungen sind nicht mit jenen der Turmstation des Observatoriums zu verwechseln, die von mir an anderer Stelle behandelt und erklärt worden sind. Während diese an eine gewisse Höhe über dem Erdboden gebunden sind — die Turmaufstellung befindet sich etwa 80 m über der Talsohle —, treten jene in der bekannten sich etwa 2 m über dem Boden befindlichen Hüttenaufstellung auf. Auch die jährliche Verteilung ist nicht gleich. Die Turmschwankungen verteilen sich ziemlich gleichmäßig über das ganze Jahr. Die Nutheschwankungen treten dagegen besonders im Herbst und Winter auf. Im Frühjahr sind sie ebenfalls nicht selten, fehlen aber nahezu vollständig in den Sommermonaten. Vor allem treten sie nicht gleichzeitig mit den Turmschwankungen auf.

Die Größe der Schwankungen ist sehr verschieden. Die stärksten zeigen eine Amplitude von etwa 7^0.

Ihre Ursache werden sie z. T., was die schwächeren Schwankungen anbetrifft, in der Bewegung der alleruntersten Bodenschichten haben, die z. B. in Form von treibendem Nebel sichtbar werden kann.

Einige andere Fälle, wie die sehr ausgeprägten vom 10./11. Februar und 11./12. Februar 1899 dürften eine Kombination mehrerer Fälle vom Typus I darstellen. Gerade diese beiden Störungen zeigen in ihren Grundformen eine überraschende Übereinstimmung mit der in v. Fickers Untersuchung abgebildeten Störung von Rotholz am 4./5. November 1905[1]). Die Erklärung für diesen Vorgang muß sich entweder darauf stützen, daß der Aufsaugungsprozeß immer wieder durch lokale Abkühlung unterbrochen wird und dann von neuem beginnen muß, oder aber wie v. Ficker annimmt, daß eine kalte Bodenschicht im Tale periodisch vorstößt und sich zurückzieht.

Der Fall vom 28./29. März 1899 zeigt sehr schön, wie zunächst die obere Stömung zum Durchbruch kommt, dann aber wieder zurückgedrängt wird, worauf sich kalte Bodenschichten ausbilden. Erst bei einem späteren Vorstoß gelingt es ihr schließlich, den letzten Rest der Bodenschicht definitiv wegzuschaffen. Ein sehr ähnliches Thermogramm (Wien 23. II. 1898) hat Margules[2]) in der Met. Zeitschr. 1898 reproduziert.

Die Niederschlagsbeobachtungen.

Das veränderliche Element der Niederschläge hat für unsere Untersuchung eine geringere Bedeutung als die Temperatur und bedarf daher bedeutend kürzerer Ausführungen.

Tal- und Bergstation unterscheiden sich auch hier wie bekannt in ganz bestimmter Richtung. Die Kondensation des Wasserdampfes des zum Aufsteigen gezwungenen Luftstromes muß zu stärkeren Niederschlägen auf dem Gipfel führen. Für die Talstation kommt noch ihre

---

[1]) a. a. O., S. 4.
[2]) Margules, Einige Barogramme und Thermogramme von Tal- und Bergstationen. Met. Zeitschr. XV, 1—16, 1898.

Lage zum Gebirge, ob auf Luv- oder Leeseite, in Betracht, wobei erstere regenreicher als letztere ist. Wendet man diese bekannten Tatsachen auf vorliegenden Fall an, so sind allerdings für Nuthestation die geringeren Niederschläge zu erwarten. Sie liegt auf der Ostseite des Hügelzuges, also auf der Leeseite, da für unsere Breiten die Westwinde als Hauptregenbringer anzusehen sind. Werden jedoch die eigentlich recht unbedeutenden Höhenunterschiede berücksichtigt, so schien das Ergebnis bei der bekannten unregelmäßigen Verteilung einzelner Regenfälle doch unsicher.

JAHRES- UND MONATSMENGEN. Die mittlere Jahressumme nach dem 15jährigen Zeitraum 1894—1908 ergibt für „Wiese" 589 mm, für „Nuthe" 535 mm, für die Talstation also rund 50 mm oder 9 % weniger als für die Hügelstation.

Die Annahme, daß dieser Unterschied in unregelmäßiger Aufstellung der Regenmesser seinen Grund haben könnte, muß zurückgewiesen werden, da die Aufstellung in beiden Fällen als günstig und völlig einwandfrei bezeichnet werden kann: Der Regenmesser genießt auf der „Wiese", als einer Waldlichtung, hinreichenden Windschutz, und das Gleiche gilt für den Regenmesser der Nuthestation, auf der die Windwirkung durch die in gehöriger Entfernung stehenden Bäume des ausgedehnten Obstgartens abgeschwächt wird.

Unterschiede der monatlichen Niederschlagsmengen auf Wiese und Nuthe.

Januar . . . . . 7.7 mm		Juli . . . . . 5.0 mm
Februar . . . . . 6.0 „		August . . . 3.5 „
März . . . . . . 4.9 „		September . . 1.5 „
April . . . . . . 3.3 „		Oktober . . . 3.0 „
Mai . . . . . . 5.2 „		November . . . 4.2 „
Juni . . . . . . 5.5 „		Dezember . . . 4.8 „

Der festgestellte Unterschied verteilt sich auf sämtliche Monate im gleichen Sinne. In den Wintermonaten ist er am größten, in den Herbstmonaten am geringsten. Der größte Betrag fällt auf den Januar mit 7.7 mm, der kleinste auf den September mit 1.5 mm. Bemerkenswerterweise ist in den Wintermonaten die Differenz W.—N. in den Einzeljahren stets positiv, in den Sommermonaten dagegen auch häufig infolge der dann lokaler auftretenden Regen negativ. Daß sich im 15jährigen Durchschnitt doch noch ein, wenn auch nur geringer positiver Wert ergibt, spricht um so mehr für die Realität der geringeren Niederschlagsmenge auf „Nuthe".

Nach Ablauf der ersten 3 Beobachtungsjahre auf „Nuthe" gab diese Tatsache bereits Veranlassung, sie in der Einleitung zu den „Ergebnissen der meteorologischen Beobachtungen in Potsdam im Jahre 1896", S. IV, zu erwähnen. Das Maximum der Differenz in den Wintermonaten tritt auch im Mittel von 1894—1896 hervor. Daß die Monate Juni und Juli auch größere Werte zeigen, läßt sich aber nicht aufrecht erhalten, sondern gilt nur für die erste kurze Beobachtungsepoche.

Eine ähnliche Wirkung eines nur sanft ansteigenden ausgedehnten Waldgebietes vermutete Hellmann[1]) bei seinen Niederschlagsmessungen in und um Berlin. Der Gegensatz zwischen dem südlichen Teil des damaligen Stationsgebietes (Steglitz, Friedenau, Schmargen-

---

[1]) G. Hellmann, Niederschlagsmessungen in und bei Berlin im Jahre 1886. Berlin. Zweigverein der Deutschen Met. Gesellsch. 1887.

dorf) und dem nördlichen Teil, dem eigentlichen Tal der Spree, machte es wahrscheinlich, daß der Grunewald eine Art kleinen Regenschattens nach Osten hin wirft.

Um gleichsam die Gegenprobe auf diese Tatsache zu machen, wurden nunmehr noch die Messungen der im Westen des Observatoriums gelegenen Station „Tornow" herangezogen. Der dort aufgestellte Regenmesser ist ein elektrisch registrierender Sprung-Fueßscher Apparat, bei dem das durch die Wippe geflossene Wasser in einer Kanne aufgesammelt und nachgemessen wurde. Die Beobachtungen erstrecken sich meist nur auf die Sommermonate, und von ihnen mußten auch noch mehrere als lückenhaft ausscheiden.

In nachstehender Tabelle sind die Mittelwerte aus den einzelnen vollständigen Monatssummen zusammengestellt, und mit den dem gleichen Zeitraume entnommenen Beobachtungen auf „Wiese" und „Nuthe" verglichen. Zur richtigen Einschätzung der Tornow-Aufzeichnungen muß hervorgehoben werden, daß wegen etwas „windiger" Aufstellung der dortige Regenmesser eher etwas zu kleine als zu große Mengen auffängt.

Die Aufzeichnungen erstrecken sich über die Jahre 1897—1908.

Mittlere Monatssummen der Niederschläge.

	Jan.	Febr.	März	April	Mai	Juni	Juli	Aug.	Sept.	Okt.	Nov.	Dez.	Jahr
Anzahl der verwandten Monate	2	1	1	9	10	11	10	11	11	12	11	11	3
Wiese	56.3	23.5	70.7	36.8	64.1	52.7	96.3	46.4	56.5	38.3	38.4	40.2	620.2
Tornow	54.3	22.2	61.6	38.2	62.5	50.6	94.6	50.1	54.8	34.9	35.8	38.0	597.6
Nuthe	49.3	19.7	59.9	34.3	60.3	48.6	88.9	43.3	55.4	34.8	33.6	36.6	564.7

Die angegebenen Werte können natürlich keinen Anspruch auf absolute Gültigkeit erheben, sondern sollen lediglich zum Vergleich dienen. Hierbei liefern sie jedenfalls den Beweis, daß die Luvseite regenreicher ist als die Leeseite. Die Messungen auf „Tornow" schieben sich der Menge nach zwischen „Nuthe" und „Wiese" ein. Nur April und August fallen aus diesem Schema heraus. Tatsächliche Bedeutung dürfte dies aber kaum haben, vielmehr in dem z. T. ungenügenden Material seinen Grund haben. Eine längere vollständigere Beobachtungsreihe würde die Beziehungen sicher klarer hervortreten lassen.

BESTIMMTE TAGESMENGEN. Die größere Niederschlagsmenge auf „Wiese" findet auch in den mittleren Tagesmaxima ihren Ausdruck; auf der Nuthestation sind sie in allen Monaten um einen ganz geringen Betrag kleiner. Auch die Anzahl der Tage mit mindestens 1 mm Niederschlag zeigt die gleichen Verhältniszahlen. In der Jahressumme beträgt die Differenz 7 Tage. Bei den weiter folgenden Auszählungen der Tage mit 0.2 mm und 0.1 mm vergrößert sich diese Differenz aber so sehr, zuletzt sind es 24 Tage Unterschied, daß es nicht mehr möglich ist, sie als reell anzusehen. Wir haben hier offenbar ein Beispiel verschieden sorgfältiger Regenmessung, indem der Nuthebeobachter trotz der klar lautenden Bestimmung den Regenmesser nicht regelmäßig nachsah, so daß ihm kleinere Mengen entgingen. Bei der geringen Verdunstung des in der Sammelkanne aufgefangenen Wassers hat dieser Umstand für die absolute Menge keine weitere Bedeutung.

Die Auszählung der Anzahl der Schneetage mußte aus ähnlichem Grunde wieder verworfen werden, da das vorhandene Material doch zu keinem brauchbaren Ergebnisse führen konnte. Über die Definition der Schneetage besagt die Instruktion folgendes[1]):

„Tage mit Schnee sind solche Tage, an denen die von Schnee oder von Schnee und Regen herrührende Schmelzwasserhöhe mindestens 0.1 mm beträgt. Da an solchen Tagen der Niederschlagshöhe ein Sternchen (*) beigesetzt werden soll, so wird dadurch die Auszählung dieser Tage eine sehr einfache. Schneegestöber ist gleichfalls zu berücksichtigen, nicht aber Schneetreiben."

Die Wahl von 0.1 mm als untere Grenze sollte verhindern, daß übereifrige Beobachter, die „jede Schneeflocke" notieren, nicht allzuviel Schneetage gegen die Nachbarstationen aufweisen. Aber m. E. wird auch nach der eingeschränkten Instruktion die Aufmerksamkeit des Beobachters immer noch eine große Rolle spielen. An den Tagen mit gemischten Niederschlägen, wie sie vor allem in den Übergangsmonaten auftreten, wird der aufmerksame Beobachter in sein Tagebuch häufiger das Schneezeichen eintragen als der weniger aufmerksame Später zu bestimmen, ob die als Schnee gefallene Menge 0.1 mm erreichte, wenn am gleichen Tage noch Regen fiel, dürfte in den meisten Fällen unmöglich sein.

Schlußbetrachtungen.

Die Faktoren, von denen man eine einseitige Beeinflussung der Angaben der Wiesenstation erwarten könnte, so daß diese nicht mehr für einen größeren Umkreis Geltung haben würden, sind: die erhöhte Lage der Station, ihre Aufstellung in einer Waldlichtung und schließlich die Nähe der größeren Havelseen.

Die vorhergehenden Ausführungen haben gezeigt, daß sich der Einfluß der Höhenlage nur in einigen Beziehungen bemerkbar macht, sonst aber durch andere Momente verdeckt wird. Letzteres trifft vor allem zu bei dem jährlichen Gang der Temperaturen nach Termin- und Monatsmitteln und bei der vertikalen Temperaturverteilung. Auch was die mittleren Extreme anbetrifft, ähnelt die „Wiese" sehr den beiden Talstationen. Dagegen fanden wir die typischen Unterschiede zwischen Berg- und Talstation bei der Betrachtung der aperiodischen Schwankung sowohl im Monatsmittel als auch getrennt an trüben und heiteren Tagen. Ferner waren die Unterschiede zum Teil recht stark ausgeprägt in der Anzahl der Eis-, Frost- und Sommertage, dem Vorkommen und der Dauer einiger Wärmeperioden und ganz besonders im Auftreten der Spät- und Frühfröste.

Die Untersuchung hat es nun als sicher erscheinen lassen, daß die Aufstellung der Station in einer Waldlichtung derjenige Faktor ist, der die zu erwartenden klaren Beziehungen zwischen der Hügel- und der freigelegenen Talstation nicht zum Ausdruck gelangen läßt, sondern sie verwischt. Die frühere Annahme, der Wald übe einen bedeutenden Einfluß auf das Klima seiner Umgebung aus, die zu den umstrittensten Fragen der Klimakunde gehörte und auch heute noch nicht als vollständig geklärt gelten kann, ist nach den neuesten Untersuchungen in diesem

---

[1]) Kgl. Preuß. Met. Institut. Anleitung zur Anstellung und Berechnung meteorologischer Beobachtungen. II. Aufl. I. Teil. S. 60.

Umfange nicht mehr aufrecht zu erhalten. Um nur ein Beispiel heranzuziehen, das für vorliegenden Fall am ersten in Betracht kommen würde, erwähne ich, daß J. Schubert[1]) auf Grund eines Vergleiches der Temperaturen von mehreren Orten, die in waldarmer und waldreicher Gegend Schlesiens liegen, zu dem Ergebnis kam, daß größere Kiefernwaldungen die mittlere Sommertemperatur ihrer weiteren Umgebung, falls überhaupt eine Beeinflussung stattfindet, nur in schwachem Maße, etwa um wenige Zehntel-Grade, erniedrigen." Der Verfasser bemerkt aber selbst hierzu, daß die sichere Feststellung dieser Tatsache sich nur schwer durchführen läßt, da sie leicht durch mannigfache Einflüsse verdeckt sein kann.

Die Wirkung des Waldes äußert sich bekanntlich in der Weise, daß er infolge der Beschattung des Erdbodens die Erhitzung desselben verhindert und dadurch mildernd auf die Lufttemperatur einwirkt, andererseits aber durch die vergrößerte wärmeausstrahlende Fläche der Belaubung die Abkühlung begünstigt. Wenn diese Wirkung im vorliegenden Falle bei dem meist aus Kiefern zusammengesetzten Walde noch am geringsten ist[2]), so ist sie doch immer noch derartig groß, daß sie bei einer Untersuchung, die auch geringe Unterschiede berücksichtigte, trotzdem ins Gewicht fallen muß.

Bedeutend stärker ist aber der Einfluß, den der Wald auf die in Lichtungen errichteten Stationen infolge des bedeutenden Windschutzes ausübt. Wir wissen, daß Waldlichtungen besonders zu einer starken nächtlichen Abkühlung neigen, wodurch naturgemäß das Tagesmittel erniedrigt wird[3]). Im Laufe der Untersuchung bot sich mannigfach Gelegenheit, darauf hinzuweisen, daß aus diesem Grunde die „Wiese" mehr die Eigenschaften einer Tal- als die einer Hügelstation aufwies. Besonders bemerkenswert waren die abendlichen Temperaturdifferenzen gegen die Station der Ebene, welche zeigten, wie intensiv dann bereits die Abkühlung in der windgeschützten Wiese vorgeschritten sein kann. Auch gehören hierher die eigenartigen Temperaturen, die sich nicht zwischen die Angaben der Nuthe- und der Turmstation einfügen ließen, sondern Zeugnis davon gaben, daß sich in dieser mittleren Lage ganz lokal begrenzte Schichten mit z. B. geringeren Temperaturen bei zwischen „Nuthe" und „Turm" bestehenden Inversionen vorfinden.

Versuchen wir nunmehr die Größe dieses Einflusses durch Vergleich mit der benachbarten Station der Ebene festzustellen, so müssen wir leider berücksichtigen, daß Heinersdorf-Klein-Beeren nicht gerade eine solche ideale Vergleichsstation ist, so daß wir unsere Schlüsse nur mit gewissen Einschränkungen ziehen können. Die Betrachtung der mittleren Schwankungen in den einzelnen Monaten zeigt z. B. für Heinersdorf die in einzelnen Monaten ganz beträchtlich höheren Werte. Wenn sonst die verstärkte nächtliche Abkühlung auf Waldlichtungen das Tagesmittel erniedrigen und die tägliche Schwankung verstärken soll, so trifft letzteres hier nicht zu.

Die verstärkten Extreme in Heinersdorf-Kleinbeeren müssen vielmehr notwendigerweise zu dem Schluß führen, daß die Eingeschlossenheit hier stärker als auf „Wiese" zum Ausdruck kommt.

---

[1]) J. Schubert, Über den Einfluß der schlesischen Kiefernwaldungen auf die mittlere Sommertemperatur ihrer Umgebung. Zeitschr. für Forst- und Jagdwesen 1897. 411—415.

[2]) Derselbe, Temperatur und Feuchtigkeit der Luft auf freiem Felde, im Kiefern- und Buchenbestande. I. Temperatur. Zeitschr. für Forst- und Jagdwesen 1897. 575—588.

[3]) Nähere Ausführungen hierüber s. J. Schubert, Der jährliche Gang der Luft- und Bodentemperatur im Freien und in Waldungen und der Wärmeaustausch im Erdboden. Berlin 1900. S. 46—47.

Sicher könnte der Einfluß der Waldlichtung nur mit Hilfe einer vollkommen einwandfrei aufgestellten Station in der freien Ebene nachgewiesen werden.

Hamberg[1]) hat bei seinen Untersuchungen über den Einfluß des Waldes auf das Klima von Schweden nicht solch hohe Unterschiede zwischen seinen in Lichtungen errichteten Waldstationen und denen der Ebene gefunden. Die mittleren Maxima erreichten ihre höchsten Unterschiede mit nur 0.3^0 in den Sommermonaten. Die Minima unterschieden sich im Maximum um nur 0.7^0 und den gleichen Betrag erreichte die Differenz der Amplituden. Für die Terminwerte existierte beim Morgen- und Mittagstermin gar keine klar ausgesprochene Abweichung. Im Jahresmittel war dann der Wald nur um 0.05^0 kühler als die Ebene. Beim Abendtermin erreichte dieser Wert aber den Betrag von 0.2^0 mit einem Maximum von 0.4^0 im August. Ausgeprägter war der Unterschied an klaren Tagen, an denen er im Sommer im Mittel 1.0^0 betrug. Daß diese Zahlen der abendlichen Abweichungen ziemlich weit hinter den zwischen „Wiese" und Heinersdorf gefundenen zurückstehen, mag neben der mangelhaften Aufstellung an letzterer Station, vor allem auch daran liegen, daß die Hambergschen Stationen auf größeren Lichtungen (wie es aus den Stationsbeschreibungen hervorgeht) liegen, als die „Wiese". Da der Einfluß einer Waldlichtung sich in der Hauptsache auf den vergrößerten Windschutz zurückführen läßt und dieser in einer kleineren Lichtung sicher stärker gewährt wird als in einer ausgedehnteren, ist es auch leicht einzusehen, daß die Größe der Lichtung bei derartigen Untersuchungen immer eine große Rolle spielen wird.

Wenden wir uns noch schließlich dem Einfluß zu, den die Nähe der Wasserflächen ausüben könnte, so müssen wir von vornherein sagen, daß diese Frage mit Exaktheit nicht zu lösen ist, da ein etwa vorhandener Einfluß durch die bereits besprochenen Faktoren sicher verdeckt wird. Die bekannten Untersuchungen über den Einfluß der Landseen beziehen sich allerdings auf bedeutend größere Wasserflächen, so daß wir darauf angewiesen sind, aus der hier festgestellten Beeinflussung rückwärts zu schließen, ob überhaupt eine merkbare Einwirkung der verhältnismäßig kleinen Havelseen noch zu erwarten ist.

Der schon zitierten Abhandlung von Hamberg können wir auch hierfür wieder einige Daten entnehmen. Der Verfasser vergleicht zunächst Karlstadt und Örebro. Ersteres liegt am nördlichen Ufer des Wenern-Sees, letzteres inmitten Schwedens 5 km vom westlichen Ausläufer des Hjelmarsees entfernt. Karlstadt zeigt in sämtlichen Monaten die höhere Temperatur. Im Mittel beträgt die Differenz 0.4^0 und erreicht ihr Maximum im September mit 0.9^0. Das zweite Beispiel setzt 2 Orte am Wettern-See in Gegenüberstellung: Vadstena am östlichen Ufer des Sees und Skenninge ungefähr 13 km östlich davon im Innern. Am Ufer finden wir auch hier wieder die milderen Temperaturen. Im Jahresmittel ist der Unterschied 0.6^0 und steigt bis zum Maximum von 1.0^0 im Oktober und Dezember. Besonders interessant sind die mitgeteilten Mittelwerte für die Termine. Zum Morgentermin wirkt vom Oktober bis zum März der See temperaturerhöhend. Seine größte Wirkung erreicht er im Dezember, indem der Unterschied gegen die Binnenstation 1.1^0 erreicht. In den übrigen Monaten wirkt er abkühlend (Max. im Mai -1.3^0). Zur Mittagszeit wirkt der See nur in den eigentlichen Wintermonaten temperaturerhöhend, sonst

---

[1]) H. E. Hamberg, De l'influence des forêts sur le climat de la Suède. I. Stockholm 1895.

zum Teil beträchtlich abkühlend. Der stärkste Einfluß wird im Mai ausgeübt; die Differenz beträgt dann 1.7^0. Zum Abendtermin ist es am See in sämtlichen Monaten wärmer. Dies gilt besonders für die Herbstmonate, in denen die Unterschiede nahezu gleich sind — August und September 1.2^0, Oktober 1.3^0.

Diese Angaben, die einen verhältnißmäßig starken Einfluß der größeren Landseen erkennen lassen, werden natürlich nur mit allem Vorbehalt mitgeteilt, da es sich von hier aus nicht beurteilen läßt, ob gerade diese Stationen für eine derartige Untersuchung, die eine durchaus gleiche Aufstellung voraussetzt, geeignet waren.

Ein weiteres Beispiel: Die Stadt Madison in Wisconsin[1]) liegt in sehr seenreicher Umgebung, in der in einem Umkreise von 10 km ungefähr ein Drittel der Oberfläche Wasser ist. Aus dem Vergleich mit vier anderen Stationen, die etwa in 80 km Entfernung liegen, lassen sich Schlüsse auf den Einfluß der Seen ziehen. Auch hier wird der Temperaturanstieg im Frühling und die Abkühlung im Herbst verzögert. Die hierbei zwischen See- und Binnenstationen entstehenden Differenzen betragen in beiden Fällen etwa 0.6^0. Im übrigen werden die Maxima abgeschwächt, die Minima gemildert. Sehr auffallend ist der Seeeinfluß auf die Verminderung der Nachtfröste. In Madison tritt der letzte Frühjahrsfrost mehr als zwei Wochen früher ein, als auf den umliegenden Stationen. Das Gleiche gilt für den ersten Frost im Herbst.

Schließlich sind hier die von J. Schubert[2]) über dem Paarsteiner See angestellten Messungen zu erwähnen, die zu interessanten Ausführungen über den Wärmeaustausch zwischen der Luft über dem Lande und dem See bei vorhandener Luftbewegung führten. Sie können jedoch nicht dazu dienen, den Seeeinfluß schätzungsweise anzugeben, da sie sich nur über eine Woche erstrecken, während es sich in vorliegendem Falle um die Beeinflussung der Monatsmittelwerte handelt.

Aus Hambergs und Bartletts Angaben schließe ich nunmehr, daß sich auch für die sehr viel kleineren Havelseen ein geringer Einfluß auf die Temperaturverhältnisse ihrer Ufer noch nachweisen lassen würde, wenn die Vergleichsstationen sich in vollkommen gleicher Lage und Aufstellung befänden. Im täglichen Gange würde z. B. für die Abendstunden zumal bei günstiger Windrichtung der Einfluß noch am leichtesten nachzuweisen sein. Daß dies jedoch bei den tatsächlich bestehenden Verhältnissen für die „Wiese" nicht zutrifft, sehen wir daraus, daß diese Station trotz der Nähe der Seen beträchtlich tiefere Abendtemperaturen aufweist als die dem Seeeinfluß vollkommen entrückte Station Heinersdorf. Auch in bezug auf die Nachtfröste kann man von einer Einwirkung der Seen nicht reden. Während „Wiese" und Heinersdorf etwa die gleiche Anzahl der Tage mit Frost zeigen, wird diese Zahl für die Nuthestation trotz der Nähe der Seen noch größer. Nur in den geringeren Mittags- und Extremtemperaturen der Wiesenstation könnte man allenfalls die Wirkung eines Seeeinflusses vermuten. Im allgemeinen können wir aber feststellen, daß ein gesicherter Seeeinfluß sich aus den vorhandenen Beobachtungen nicht nachweisen läßt, sondern durch andere Faktoren wie Unterschiede im Gelände und in der Aufstellung der Instrumente vollkommen unterdrückt wird.

---

[1]) Bartlett, The influence of small lakes on local temperature conditions. Monthly Weather Review 1905, p. 147. Ref. Met. Zeitschr. 1906, S. 188.

[2]) J. Schubert, Über den täglichen Wärmegang im Paarsteiner See. Met. Zeitschr. 1907, S. 289—295.
Derselbe, Landsee und Wald als klimatische Faktoren. Geogr. Zeitschr. 1908, S. 688—694.

Versuchen wir nun schließlich nach diesen Erörterungen die Frage zu beantworten, ob sich in der Wiesenstation die mittleren Verhältnisse der norddeutschen Tiefebene widerspiegeln, so müssen wir sagen, daß ihre Angaben natürlich für Darstellungen von regionaler Verteilung der meteorologischen Elemente, zumal wenn es sich um Mittelwerte handelt, vollkommen genügen, da man dann von vornherein zu einer gewissen Verallgemeinerung der Beobachtungen gezwungen ist. Andererseits muß aber bei der richtigen Einschätzung ihrer Einzelwerte und vor allem des täglichen und jährlichen Ganges der Elemente berücksichtigt werden, daß sie eine Waldlichtungsstation ist. Die durch diesen Umstand bedingte Beeinflussung ist teilweise so ausgeprägt, daß sie den Einfluß der erhöhten Lage verdeckt.

I. Dekadenmittel der Temperaturen auf der Nuthe-Station und Differenzen gegen Wiese und Turm 1894 bis 1903.

Monat	Dekade	7ª Temp. Nuthe-Station	7ª Differenz W.-N.	7ª Differenz T.-N.	2ᵖ Temp. Nuthe-Station	2ᵖ Differenz W.-N.	2ᵖ Differenz T.-N.	9ᵖ Temp. Nuthe-Station	9ᵖ Differenz W.-N.	9ᵖ Differenz T.-N.	Mittel Temp. Nuthe-Station	Mittel Differenz W.-N.	Mittel Differenz T.-N.	Maximum Temp. Nuthe-Station	Maximum Differenz W.-N.	Maximum Differenz T.-N.	Minimum Temp. Nuthe-Station	Minimum Differenz W.-N.	Minimum Differenz T.-N.
Januar	I	−2.19	−0.05	+0.08	0.67	−0.32	−0.55	−1.31	−0.18	0.00	−1.06	−0.14	−0.08	1.46	−0.30	−0.24	−3.85	+0.30	+0.49
	II	−1.92	+0.07	+0.07	1.15	−0.26	−0.47	−0.88	+0.10	+0.37	0.65	+0.01	+0.14	2.06	−0.35	−0.31	−3.79	+0.42	+0.92
	III	−0.26	−0.33	−0.20	2.30	−0.36	−0.70	0.36	−0.31	−0.06	0.70	−0.31	−0.08	3.10	−0.37	−0.51	−2.16	−0.13	+0.13
Februar	I	−1.48	−0.23	+0.08	1.59	−0.12	−0.70	−0.60	−0.15	−0.05	−0.27	−0.17	−0.23	2.62	−0.35	−0.50	−3.88	−0.40	+0.46
	II	−2.02	−0.08	+0.07	1.80	−0.07	−0.70	−1.00	−0.17	−0.27	−0.55	−0.13	+0.05	2.74	−0.11	−0.47	−4.12	+0.55	+0.94
	III	−0.64	−0.09	−0.14	4.46	−0.13	−0.81	1.60	−0.22	+0.02	1.75	−0.16	−0.17	5.21	+0.01	−0.37	−1.88	+0.06	+0.44
März	I	−0.16	0.00	−0.39	4.83	−0.20	−0.86	1.80	−0.03	−0.31	2.07	−0.03	+0.05	5.81	+0.04	−0.52	−1.19	−0.41	+0.86
	II	1.55	−0.16	+0.11	7.26	−0.08	−0.85	3.54	+0.09	+0.49	3.98	+0.13	+0.13	8.26	−0.04	−0.62	0.25	+0.27	+0.59
	III	2.38	−0.13	+0.13	8.65	−0.05	−0.99	4.29	+0.27	+0.74	4.91	+0.09	+0.16	9.78	−0.10	−0.80	0.68	+0.57	+0.97
April	I	3.38	−0.08	−0.13	9.60	−0.08	−1.14	5.58	−0.08	−0.38	6.04	−0.10	−0.13	10.75	−0.13	−0.92	1.40	+0.40	+0.84
	II	5.08	−0.39	−0.37	10.72	−0.01	−1.17	6.49	+0.02	+0.51	7.19	−0.08	−0.14	12.05	+0.15	−0.97	2.41	+0.71	+1.05
	III	7.16	−0.42	−0.40	13.88	−0.06	−1.23	8.71	+0.40	+1.03	9.62	+0.10	−0.03	14.99	+0.11	−0.93	4.50	+0.99	+1.57
Mai	I	8.98	−0.52	−0.62	15.36	+0.11	−1.21	9.92	−0.22	−0.69	11.06	−0.01	−0.12	16.62	+0.16	−0.92	5.13	−0.90	+1.24
	II	9.74	−0.41	−0.77	15.40	−0.16	−1.36	10.69	−0.06	−0.83	11.63	−0.08	−0.14	16.94	−0.06	−1.15	6.00	−0.56	+1.04
	III	11.90	−0.38	−0.73	18.19	−0.17	−1.34	12.64	−0.35	−1.22	13.86	+0.02	+0.02	19.49	−0.04	−1.22	7.70	−0.91	+1.53
Juni	I	15.21	−0.44	−0.70	21.37	−0.24	−1.15	15.01	+0.24	−1.53	16.65	−0.02	−0.26	22.90	−0.32	−1.46	10.33	+1.11	+1.71
	II	13.89	−0.44	−0.78	19.99	−0.33	−1.68	14.55	+0.09	+1.15	15.91	−0.22	−0.17	20.92	−0.22	−1.42	9.55	+0.85	+1.51
	III	14.88	−0.36	−0.74	21.14	−0.49	−1.73	15.67	+0.03	+1.02	16.81	−0.16	−0.12	22.54	−0.28	−1.48	10.58	+0.87	+1.48
Juli	I	15.20	−0.36	−0.76	20.77	−0.43	−1.66	16.08	−0.19	+0.60	17.04	−0.21	−0.33	22.35	−0.34	−1.46	11.48	+0.77	+1.11
	II	16.04	−0.41	−0.74	22.32	−0.35	−1.49	16.64	−0.07	+1.15	17.91	−0.19	+0.07	23.80	−0.24	−1.42	12.10	+0.67	+1.22
	III	16.35	−0.37	−0.58	22.34	−0.25	−1.35	17.01	−0.14	+1.23	18.18	−0.07	−0.14	23.86	−0.22	−1.22	12.82	+0.94	+1.28
August	I	15.41	−0.58	−0.53	21.55	−0.34	−1.43	15.94	+0.30	+1.41	17.18	−0.02	−0.31	23.07	−0.28	−1.29	12.09	+0.85	+1.21
	II	14.41	−0.38	−0.22	21.66	−0.34	−1.49	15.63	+0.20	+1.54	16.84	−0.07	−0.27	22.80	−0.19	−1.18	11.08	+1.24	+1.54
	III	13.47	−0.25	−0.09	20.55	−0.36	−1.31	14.75	+0.42	+1.68	15.88	+0.08	−0.45	21.78	−0.29	−1.13	10.38	+1.08	+1.63
September	I	11.75	+0.03	+0.31	19.58	−0.34	−1.39	13.27	+0.45	+1.63	14.48	+0.14	−0.52	20.74	−0.25	−1.28	9.09	+1.43	+1.85
	II	10.49	−0.07	+0.08	16.79	−0.36	−1.33	11.77	+0.20	+1.05	12.71	0.00	−0.25	17.85	−0.26	−1.01	8.26	+1.02	+1.34
	III	7.89	+0.80	+1.44	17.63	−0.41	−1.24	10.21	+1.30	+2.57	11.49	+0.77	+1.35	18.42	−0.21	−0.92	5.61	+2.13	+2.84
Oktober	I	8.02	+0.31	+0.74	14.77	−0.30	−1.03	9.68	+0.27	+0.91	10.54	+0.13	−0.42	15.71	−0.15	−0.95	6.06	+1.10	+1.64
	II	5.43	+0.32	+0.70	11.02	−0.26	−0.92	6.93	+0.34	+0.78	7.59	+0.19	−0.33	11.95	−0.14	−0.77	3.80	+0.91	+1.38
	III	4.40	−0.32	+0.67	10.41	−0.17	−0.78	6.02	+0.41	+0.94	6.70	−0.22	−0.40	11.10	−0.04	−0.62	2.31	+1.28	+1.74
November	I	3.36	−0.41	+0.82	8.93	−0.24	−0.76	4.78	+0.33	+0.84	5.41	+0.27	+0.45	9.45	−0.16	−0.55	1.68	+1.22	+1.70
	II	2.87	−0.16	+0.04	6.35	−0.33	−0.68	3.51	−0.02	−0.26	4.06	−0.09	−0.02	7.23	−0.29	−0.45	0.84	+0.60	+0.83
	III	0.42	−0.10	−0.18	3.61	−0.36	−0.66	1.45	−0.23	−0.09	1.75	−0.22	−0.16	4.29	−0.31	−0.53	−1.33	−0.05	−0.54
Dezember	I	−0.60	−0.23	−0.16	2.00	−0.24	−0.58	0.27	−0.23	−0.08	0.50	−0.28	−0.28	3.06	−0.34	−0.39	−2.07	+0.23	+0.43
	II	−0.82	−0.09	+0.15	1.63	−0.30	−0.48	−0.18	+0.01	+0.18	0.11	−0.23	0.00	2.55	−0.36	−0.31	−2.69	+0.46	+0.73
	III	−0.78	−0.26	−0.09	1.52	−0.28	−0.56	−0.01	−0.45	−0.27	0.18	−0.33	−0.30	2.29	−0.38	−0.41	−2.53	+0.11	+0.34

II. Klimatabellen.

Observatorium—Wiese. 1894—1908.

Monat	Lufttemperatur										Zahl der Tage mit				Niederschlag			
	7ᵃ C°	2ᵖ C°	9ᵖ C°	Mittel C°	Mittl. Maximum C°	Mittl. Minimum C°	Mittl. absol. Maximum C°	Mittl. absol. Minimum C°	Absol. Maximum C°	Datum	Absol. Minimum C°	Datum	Eistage	Frosttage	Sommertage	≥0.1 mm	>0.2 mm	≥1.0 mm	Summe mm	Mittl. Tages-Maximum mm	Absol. Tages-Maximum mm	Datum
Januar	−1.61	1.11	−0.75	−0.50	1.84	−3.15	7.87	−13.25	10.8	20. 1899	−18.9	5. 1894	9.1	20.9	—	18.5	15.0	10.1	41.0	9.3	15.5	3. 1899
Februar	−1.23	2.51	−0.05	0.30	3.29	−2.54	10.50	−10.73	18.0	11. 1899	−18.3	8. 1895	6.3	19.3	—	16.8	12.8	9.1	33.5	8.3	15.4	12. 1894
März	1.09	6.86	3.14	3.56	7.87	−0.13	16.95	−6.24	23.5	26. 1903	−12.1	6. 1895	0.9	14.9	—	16.9	13.2	10.2	41.2	9.8	18.6	17. 1906
April	4.83	11.31	6.90	7.48	12.63	3.13	21.54	−2.38	25.9	16. 1904	−5.8	2. 1900	—	4.8	0.3	15.2	12.5	9.4	37.7	10.7	26.5	15. 1902
Mai	10.41	16.93	11.74	12.70	18.41	7.51	28.33	1.38	31.7	12. 1907	1.7	11. 1900	—	—	3.8	14.6	12.1	9.9	64.6	21.8	48.9	9. 1904
Juni	14.50	20.63	15.13	16.35	22.03	11.17	29.79	6.09	32.5	17. 1908	4.6	17. 1895	—	0.0	8.1	12.3	11.2	8.7	56.4	16.2	32.2	2. 1895
Juli	15.65	21.65	16.49	17.57	23.21	12.92	31.61	8.53	35.9	16. 1904	6.5	13. 1902	—	—	9.7	15.5	13.8	11.3	89.9	26.5	52.5	15. 1901
August	14.04	20.83	15.53	16.48	22.24	12.10	30.47	7.45	34.3	5. 1904	5.6	28. 1899	—	—	6.8	15.3	13.3	10.7	64.4	13.1	39.2	8. 1894
September	10.33	17.53	12.27	13.09	18.58	9.11	28.01	3.76	34.9	4. 1895	0.5	23. 1902	—	—	2.8	13.0	11.7	9.3	56.0	18.3	44.1	7. 1902
Oktober	6.21	12.04	7.85	8.49	12.97	5.17	21.57	−1.31	25.8	4. 1908	−7.6	21. 1908	—	3.1	0.2	15.6	11.1	8.5	41.0	11.3	24.1	18. 1898
November	2.19	5.91	3.19	3.62	6.67	0.83	13.39	−6.11	21.5	5. 1899	−11.5	19. 1902	1.5	11.9	—	15.6	11.1	7.1	34.4	10.7	24.3	8. 1895
Dezember	−0.83	1.35	−0.23	0.01	2.29	−2.29	8.87	−11.00	11.5	15. 1898	−19.6	15. 1901	7.4	20.4	—	18.1	13.6	8.7	38.6	9.4	13.6	15. 1894
Jahr	6.30	11.56	7.60	8.26	12.67	4.50	20.74	−1.98	35.9	16. VII. 1904	−19.6	15. XII. 1899	25.2	95.3	31.7	186.4	151.5	113.0	589.3	13.8	52.5	15. VII. 1901

Nuthe-Station. 1894—1908.

Monat	7ᵃ C°	2ᵖ C°	9ᵖ C°	Mittel C°	Mittl. Maximum C°	Mittl. Minimum C°	Mittl. absol. Maximum C°	Mittl. absol. Minimum C°	Absol. Maximum C°	Datum	Absol. Minimum C°	Datum	Eistage	Frosttage	Sommertage	≥0.1 mm	>0.2 mm	≥1.0 mm	Summe mm	Mittl. Tages-Maximum mm	Absol. Tages-Maximum mm	Datum
Januar	−1.43	1.39	−0.59	−0.30	2.28	−3.39	8.24	−14.56	11.1	22. 1899	−20.0	4. 1901	8.6	20.6	—	14.3	12.5	9.1	33.3	8.6	14.7	26. 1900
Februar	−0.95	2.61	0.23	0.52	3.51	−2.86	10.70	−12.70	17.6	10. 1899	−24.0	8. 1895	6.0	19.5	—	14.3	11.8	8.7	27.5	7.0	15.1	12. 1894
März	1.23	6.85	3.20	3.63	7.83	−0.29	16.69	−6.96	23.2	26. 1903	−15.5	7. 1895	0.6	16.3	—	14.1	11.3	8.9	36.3	9.5	17.1	17. 1906
April	5.02	11.29	6.77	7.47	12.49	2.30	21.29	−4.15	26.2	14. 1906	−6.7	11. 1899	—	7.2	0.2	13.6	12.2	8.7	34.4	9.5	23.5	15. 1902
Mai	10.52	17.02	11.62	12.70	18.34	6.49	28.23	0.95	31.1	12. 1907	−3.9	17. 1900	—	1.2	3.8	13.3	11.8	9.5	59.4	21.3	50.2	9. 1904
Juni	14.67	20.95	15.19	16.49	22.26	10.11	30.05	3.56	32.5	30. 1897	1.1	17. 1895	—	—	8.8	11.5	10.3	8.3	50.9	14.8	27.0	14. 1907
Juli	15.74	21.93	16.64	17.74	23.45	11.89	31.99	6.11	37.0	16. 1904	3.9	21. 1904	—	—	10.9	14.3	13.3	10.8	84.9	24.1	48.8	15. 1901
August	14.25	21.11	15.32	16.51	22.43	10.89	30.68	4.45	35.1	5. 1904	1.9	21. 1904	—	—	7.1	14.3	13.0	10.3	51.5	13.1	40.4	8. 1894
September	10.07	17.86	11.74	12.85	18.81	7.53	28.19	0.63	34.4	1. 1895	−2.6	27. 1898	—	0.8	2.9	14.2	11.3	10.3	54.5	18.0	43.1	7. 1902
Oktober	5.79	12.31	7.44	8.25	13.11	3.82	21.73	−3.71	25.8	1. 1903	−9.2	21. 1908	—	6.2	0.2	13.3	11.3	8.0	38.0	11.2	25.6	18. 1898
November	2.17	6.19	3.19	3.68	6.89	0.07	13.35	−7.19	20.8	5. 1899	−15.0	1. 1908	1.1	14.7	—	12.3	9.3	6.4	30.2	10.1	27.0	8. 1895
Dezember	−0.59	1.67	−0.02	0.27	2.66	−2.71	9.29	−12.57	12.4	31. 1901	−22.6	15. 1899	6.4	8.0	—	13.5	10.9	8.0	33.8	9.2	13.9	7. 1906
Jahr	6.37	11.76	7.56	8.32	12.84	3.65	20.87	−4.00	37.0	16. VII. 1904	−24.0	8. II. 1895	22.7	107.1	33.9	162.3	138.0	105.8	534.7	13.1	50.2	2. V. 1904

Heinersdorf-Kleinbeeren. 1894—1908.

Monat	Lufttemperatur											Eistage	Frosttage	Sommertage
	7ª C°	2ᵖ C°	9ᵖ C°	Mittel C°	Mittl. Maximum C°	Mittl. Minimum C°	Mittl. absol. Maxim. C°	Mittl. absol. Minim. C°	Absol. Maximum C°	Datum	Absol. Minimum C°	Datum			
Januar	-1.65	1.22	-0.65	-0.43	2.29	-3.22	8.29	-13.73	11.6	1. 1902	-18.6	5. 1894	8.0	20.6	—
Februar ...	-1.12	2.73	0.13	0.47	3.71	-2.75	10.63	-11.35	17.8	25. 1900	-21.5	8. 1895	5.1	18.6	—
März	1.23	7.01	3.71	3.92	8.30	0.15	16.89	- 6.21	23.8	26. 1903	-12.4	4. 1900	0.5	14.1	—
April	4.73	11.42	7.67	7.87	13.05	3.01	21.69	- 2.37	26.5	28. 1897	- 5.5	3. 1900	—	4.7	0.3
Mai	10.38	17.29	12.79	13.31	19.19	7.48	29.51	0.87	32.5	13. 1907	- 1.0	11. 1900	—	0.3	4.3
Juni	14.61	21.15	16.43	17.16	23.11	10.82	31.09	4.94	33.7	1. 1908	2.9	14. 1895 / 14. 1901	—	—	9.8
Juli	15.97	22.30	17.76	18.46	24.49	12.73	33.21	7.61	36.5	16. 1904	5.3	7. 1898	—	—	12.5
August ...	14.13	21.28	16.55	17.13	23.41	11.62	31.63	6.38	35.3	17. 1898	3.9	26. 1899	—	—	9.5
September..	10.15	17.63	12.85	13.37	19.31	8.49	28.64	2.61	35.3	4. 1895	- 1.1	27. 1898	—	0.1	2.9
Oktober ...	6.04	12.27	8.05	8.60	13.41	4.72	21.71	- 1.59	26.9	4. 1908	- 7.9	21. 1908	—	3.8	0.3
November ..	2.23	6.04	3.35	3.74	7.13	0.69	13.25	- 6.04	20.8	5. 1899	-11.9	10. 1908	1.4	12.2	—
Dezember ..	-0.76	1.59	-0.17	0.12	2.77	-2.30	9.02	-11.37	12.3	19. 1898	-21.5	15. 1899 / 8. II. 1895	5.5	20.3	—
Jahr	6.33	11.83	8.21	8.64	13.35	4.29	21.30	- 2.52	36.5	16. VII. 1904	-21.5	15. XII. 1899	20.5	94.7	39.6

Spandau-Ruhleben. 1894—1908.

Januar				2.12	-3.04	8.01	-14.22	11.5	1. 1902	-20.3	29. 1895	8.9	19.7	—
Februar ...				3.46	-2.47	10.51	-11.77	17.5	25. 1900	-23.4	8. 1895	6.1	17.8	—
März				7.87	0.22	16.58	- 6.81	23.6	27. 1903	-14.6	7. 1895	0.5	13.9	—
April				12.55	3.10	21.45	- 3.19	26.5	16. 1904	- 7.3	2. 1900	—	5.8	0.2
Mai				18.47	7.33	28.32	0.81	31.6	12. 1907	- 3.2	11. 1900	—	0.6	3.9
Juni				22.33	10.78	30.15	4.55	32.7	24. 1897	2.7	1. 1896	—	—	8.8
Juli				23.60	12.53	31.95	7.70	36.8	16. 1904	6.3	7. 1898	—	—	10.9
August ...				22.40	11.82	30.52	5.99	34.7	23. 1895	4.2	23. 1904	—	—	7.7
September..				18.57	8.59	27.68	1.89	35.0	4. 1895	- 0.7	20. 1904	—	0.1	2.6
Oktober ...				12.91	4.87	21.41	- 2.63	25.5	1. 1903	- 8.8	21. 1908	—	3.8	0.1
November ..				6.79	0.95	13.09	- 6.47	20.8	5. 1899	-13.7	21. 1902	1.3	12.1	—
Dezember ..				2.51	-2.09	8.87	-12.19	12.2	31. 1901	-22.4	15. 1899	6.8	19.2	—
Jahr				12.80	4.38	20.71	- 3.03	36.8	16. VII. 1904	-23.4	8. II. 1895	23.6	93.0	34.2

Abgeschlossen am 31. März 1911.

If you have any concerns about our products,
you can contact us on
ProductSafety@springernature.com

In case Publisher is established outside the EU,
the EU authorized representative is:
**Springer Nature Customer Service Center GmbH
Europaplatz 3, 69115 Heidelberg, Germany**

Printed by Libri Plureos GmbH
in Hamburg, Germany